中等职业教育机械类专业"互联网+"新形态教材

金属材料与热处理

第 2 版

主　编　樊明涛
副主编　侯兆辉　樊鹏飞　毛　勇
参　编　司纪新　许　森　方丽萍
　　　　吕寻敬　刘法光　朱现伟

机械工业出版社

本书是依据教育部颁发的新课程标准要求及金属材料最新国家标准编写的，主要阐述了金属材料的性能、组织结构及其影响因素等金属材料的基本知识和基本技能，为学生后续专业技能的学习和解决生产实际问题奠定扎实的基础。

全书共四章，包括金属材料的性能、金属材料的结构和性能的控制、常用金属材料、零件失效分析与材料选用。

本书可作为中等职业技术学校机械、数控、模具及相近专业的专业基础课程教材，也可作为中高级技工的培训教材以及机械行业专业技术人员的自学用书和参考书，以及中学生的科普教材。凡选用本书作为授课教材的教师，均可登录 www.cmpedu.com 以教师身份注册下载本书配套资源。

图书在版编目（CIP）数据

金属材料与热处理 / 樊明涛主编 . -- 2 版 . 北京：机械工业出版社，2025.3. --（中等职业教育机械类专业"互联网+"新形态教材）. -- ISBN 978-7-111-77265-1

Ⅰ. TG14；TG15

中国国家版本馆 CIP 数据核字第 2024M4L983 号

机械工业出版社（北京市百万庄大街22号　邮政编码100037）
策划编辑：汪光灿　　　　　责任编辑：汪光灿
责任校对：梁　园　宋　安　封面设计：陈　沛
责任印制：刘　媛
唐山三艺印务有限公司印刷
2025 年 3 月第 2 版第 1 次印刷
184mm×260mm · 11.5 印张 · 197 千字
标准书号：ISBN 978-7-111-77265-1
定价：38.00 元

电话服务　　　　　　　　　网络服务
客服电话：010-88361066　　机　工　官　网：www.cmpbook.com
　　　　　010-88379833　　机　工　官　博：weibo.com/cmp1952
　　　　　010-68326294　　金　书　网：www.golden-book.com
封底无防伪标均为盗版　　　机工教育服务网：www.cmpedu.com

第2版前言

神舟飞天、蛟龙入海、嫦娥奔月、北斗组网,一个个大国工程都离不开新材料的支撑,第三代铝锂合金在国产大飞机C919上的应用,第二代高温超导材料支撑世界首条35千伏公里级高温超导电缆示范工程的通电运行……新材料的快速发展,正不断推动我国产业结构优化升级。超级钢、电解铝、低环境负荷型水泥、全氟离子膜、聚烯烃催化剂等关键核心技术突破,促进了钢铁、有色金属、建材、石化等产业发展,为我国航空航天、能源交通、工程建设、资源节约及环境治理等领域提供了不可或缺的物质基础和保障。"一代材料,一代技术",新材料产业是制造业高质量发展的先导和基石,也是培育新质生产力的关键领域。

"金属材料与热处理"是机械类专业的一门专业基础课,作为大力发展新质生产力的专业技术团队的后备人才,必须具有合理选用和加工材料的能力,否则会因为选材不当或加工不合理而使机械设备过早损坏失效,造成经济损失,甚至引起重大事故。本书自2017年出版以来,因结构合理、内容丰富、叙述简洁、史料生动形象、便于教与学,而深受师生欢迎。

本书是依据现行的职业教育教学课程标准新要求,参照国家职业技能标准的相关内容,在第1版的基础上修订而成的,具有以下特点。

1. 保持第1版的定位和框架结构不变,对部分内容进行了调整和完善。
2. 采用国家现行标准,补充部分新内容和新技术,使其更科学合理。

本书由樊明涛任主编并统稿,侯兆辉、樊鹏飞、毛勇任副主编,参加本书编写工作的还有司纪新、许森、方丽萍、吕寻敬、刘法光、朱现伟,全书由哈尔滨工业大学钟博教授任主审。樊桦、李杰、刘登华、刘杨、周长正、魏军、陈庆忠、韩瑞忠和王家政等专家领导对本书的编写提出了许多宝贵建议,在此表示感谢!

在本书的编写修订过程中，编者参阅了大量文献资料，在此谨向相关作者表示衷心的感谢。

由于编者水平有限，书中难免存在纰漏和不妥之处，恳请广大读者批评指正。

编　者

第1版前言

本书是依据国家新课程标准要求及金属材料现行国家标准编写的，充分突出职业技术教育的特点，在内容安排上尽量选择与生产实践相关的题材。

随着科学技术的飞速发展，新材料、新工艺及新技术在现代机械制造业中有着越来越重要的地位。"金属材料与热处理"是机械类专业重要的专业基础课程，涉及的知识面广，实用性强。

本书内容严格参照新大纲提出的"教学要求与建议"进行选取，力求简明、易学、有趣、实用，应用明了的图、表和少而精的文字叙述。对基础知识部分要掌握深度和学为所用；对基本内容和重点内容要讲明、讲细；对有规律的内容要举一反三，以培养学生总结归纳的能力；对非重点部分将简要讲述，由授课老师在课堂上给予展开或让学生在课后查阅相关资料。针对中等职业学校学生的特点，在本书的编写顺序上，编者采用了由浅入深、再深入浅出、循序渐进、便于教学的思路。各章中每节都配备了实践训练，供学生巩固和深入理解所学知识。

本书由樊明涛任主编并统稿，王振星、侯兆辉任副主编，方丽萍、袁海芹、李红新、李杰、豆晓东、毛瑞库、毛勇参与编写，本书由孙峰任主审。刘兆建、赵希强、邓文琦、杨克林等专家领导对本书的编写提出了许多宝贵的意见和建议，在此一并表示感谢！同时，在编写过程中参考并引用了有关教材和文献资料和插图，在此深表谢意。

由于编者水平有限，书中错误和缺点在所难免，恳请广大读者批评指正。

编　者

二维码索引

序号与名称	二维码	页码	序号与名称	二维码	页码
1-1 静载荷拉伸试验		12	表2-6-2 亚共析钢的结晶过程及其室温组织		43
1-2 疲劳强度		21	表2-6-3 共析钢的结晶过程及其室温组织		43
1-3 金属材料的工艺性能		23	表2-6-4 过共析钢的结晶过程及其室温组织		43
2-1 纯铁的同素异构转变		40	表2-6-5 亚共晶白口铸铁的结晶过程及其室温组织		43
2-2 铁碳合金的基本组织		41	表2-6-6 共晶白口铸铁的结晶过程及其室温组织		43
2-3 铁碳合金平衡结晶过程		42	表2-6-7 过共晶白口铸铁的结晶过程及其室温组织		43
表2-6-1 工业纯铁的结晶过程及其室温组织		43	2-4 铁碳合金相图分析		44

（续）

序号与名称	二维码	页码	序号与名称	二维码	页码
2-5　铁碳合金相图应用		46	3-1　钢中杂质元素及合金元素的作用		82
2-6　热处理概述		54	4-1　齿轮类零件的选材及工艺分析		157

目　录

第 2 版前言
第 1 版前言
二维码索引
第一章　金属材料的性能 ··· 1
　第一节　金属材料的物理性能 ·· 2
　第二节　金属材料的化学性能 ·· 6
　第三节　金属材料的力学性能 ·· 9
　第四节　金属材料的工艺性能 ·· 23
第二章　金属材料的结构和性能的控制 ·· 26
　第一节　金属及其合金的固态结构 ··· 27
　第二节　金属的结晶 ··· 31
　第三节　铁碳合金相图 ·· 37
　第四节　金属的塑性变形与再结晶 ··· 50
　第五节　钢的热处理技术 ·· 54
　第六节　表面处理技术 ·· 72
第三章　常用金属材料 ·· 81
　第一节　钢的牌号、性能及应用 ·· 82
　第二节　铸铁的牌号、性能及应用 ··· 110
　第三节　有色金属及其合金的牌号、性能及应用 ·· 124
第四章　零件失效分析与材料选用 ·· 147
　第一节　零件的失效分析 ·· 147
　第二节　典型机械零件的选材及工艺设计 ·· 154
附录　实践训练答案 ··· 165
参考文献 ·· 176

第一章

金属材料的性能

应知应会

1. 了解工程材料，特别是金属材料的物理性能及其影响因素、化学性能及其影响因素、工艺性能及其影响因素。

2. 熟练掌握工程材料，特别是金属材料的常用力学性能（强度、塑性、硬度、韧性及疲劳强度）及其测试方法。

学习重点

1. 理解各种力学性能指标的概念、本质、意义，以及测试技术及实际应用。

2. 掌握根据材料性能所采取的防止零件失效的措施和注意事项，会用学到的专业知识来科学分析并处理生产、生活中遇到的实际问题或现象。

第一节　金属材料的物理性能

要想制造出效能高、能耗低、强度高、寿命长且经济实惠的产品，就得在新产品的设计、选材和制造工艺这三个环节上下功夫。首先在选材时应该考虑哪些因素呢？想一想，你知道材料的哪些属性？你了解以下特性的含义吗？

金属材料的性能包含工艺性能和使用性能两方面。

工艺性能是指制造工艺过程中材料适应加工的性能，如铸造性能、可锻性、焊接性及可加工性等。

使用性能是指金属材料在使用条件下所表现出来的性能，包括力学性能、物理性能和化学性能。它决定了材料的应用范围、安全可靠性及使用寿命，原因是：如果力学性能不能满足工作的要求，将引起重大事故，带来灾难。例如，根据调查报告，哥伦比亚号航天飞机失事的核心原因是零件（部件）的性能不符合要求。

职业常识

材料选用和热处理技术要求的确定一般应遵循如下几点。

1）充分满足使用性能要求，防止过早失效。

2）满足工艺性能要求，提高成品率。

3）符合经济性原则，达到效益最大化。

4）前瞻性考虑适应科技进步、市场环境变化和国家产业政策发展的需要。

材料在各种物理条件下所表现出的性能称为物理性能，包括密度、熔点、导热性、热膨胀性、导电性和磁性等。

1. 密度

物质单位体积的质量称为该物质的密度，用符号 ρ 表示，单位为 kg/m^3。其数学表达式为 $\rho = m/V$。密度是金属材料的一个重要物理性能，不同材料的密度不同。体积相同的不同金属，密度越大，其质量也越大。工程上通常将密度大于 $5 \times 10^3 kg/m^3$ 的金属称为重金属，密度小于 $5 \times 10^3 kg/m^3$ 的金属称为轻金属。机械制造业中，某些高速运转的零件、车辆、导弹及航天器等常要求在满足力学性能的条件下尽量减轻质量，因而常选用密度小的铝、镁和钛的合金等制造，如图1-1所示的飞机材料。在非金属中，陶瓷的密度较大，塑料的密度较小。

在机械制造中，金属材料的密度与零件自重和效能有直接关系。因此，通常将其作为零件选材的依据之一。此外，还可以通过测量金属材料的密度来鉴别材料的材质，可计算物体的成分，也可判定物体是实心的还是空心的等。

图1-1 飞机材料

生活常识

一天可能接触到的重金属污染

7:00早餐	7:30化妆	8:00乘车上班	9:00公司办公	11:30午餐
主要重金属：铅、铜，来自自来水、釉彩碗碟。	主要重金属：汞、铅、铋，来自美白类化妆品、颜色亮丽的唇膏。	主要重金属：铅，来自汽车尾气。	主要重金属：铬、铅、镉、汞等重金属，如复印机、液晶显示器等。	主要重金属：镉、汞、铅、砷、铬等，来自蔬菜、肉类、海鲜、大米、水果等。
"服毒"过程：釉彩碗碟的彩色花纹中含铅，易沾染到食物上。	"服毒"过程：美白化妆品含有汞和铅，唇膏中往往含有铋，铋能增加唇膏的光泽。	"服毒"过程：无铅汽油并非含铅量为零的汽油！这些铅和其他有害物质一同被无数上班族吸入体内。	"服毒"过程：文件、资料、报纸、杂志等印刷品含有铅、铬、汞等重金属，如果不注意卫生，很容易进入人体。	"服毒"过程：重金属会从土壤中进入蔬菜中，动物体内的重金属通过食物链传递并在体内富集起来。
主要危害：铅对神经、血液、消化、心脑血管、泌尿等多个系统造成损伤，严重影响体内新陈代谢。	主要危害：引起接触性皮炎、红斑丘疹、水疱，含铅化妆品易引起粉刺、红斑、脱皮、过敏性皮炎、皮肤癌，唇膏中的铋对肝、肾造成伤害。	主要危害：铅会干扰血红素的合成，侵袭红细胞，引起贫血；损害神经系统、脑细胞，引起脑损伤。对婴幼儿影响较大。	主要危害：铬对皮肤有刺激和致敏作用，它的烟雾和粉尘对呼吸道有明显损害，可引起鼻黏膜溃疡、咽炎、肺炎等。	主要危害：铬可导致呼吸系统癌症；砷中毒表现为疲劳、乏力、致癌；甲基汞极易被肝和肾吸收。
严重的受害者：冶炼厂周边居民。冶炼厂排出的污水中含有铅，饮用被污染的水易造成血铅超标。	严重的受害者：职场女士、青年男女等。	严重的受害者：交警、驾驶人、儿童。体检结果显示，交警体内的铅含量高出常人100多倍，汽车尾气是最主要的毒源。	严重的受害者：电镀工人。电镀时产生铬酸雾和六价铬化物，易造成铬疮。	严重的受害者：化工厂周边居民。

2. 熔点

材料从固态转变为液态的最低温度，即材料的熔化温度称为熔点。每种金属都有其固定的熔点。熔点是金属和合金冶炼、铸造、焊接过程中的重要工艺参数。一般来说，熔点低（低于700℃）的金属易于进行冶炼、铸造和焊接，工业上常用于制造防火安全阀及熔断器等；而耐高温的难熔金属用于制造工业高温炉、火箭、导弹和喷气式飞机等。

非金属材料中的陶瓷有一定熔点，如石英（1670℃）、苦土（2800℃）等常用作耐火材料；而塑料和一般玻璃等非晶体材料则没有固定熔点，只有软化点，也称玻璃化温度。

> **材海史话**

大名鼎鼎的"五金"——金、银、铜、铁、锡之一的锡金属特别怕"冷"，即当环境温度低于13.2℃时，锡的形态由白锡结构变为脆弱易碎的灰锡结构，这种现象称为"锡疫"。历史上就曾发生过这样一件事：1912年，斯科特、鲍尔斯、威尔逊、埃文斯、奥茨一行人登上冰天雪地的南极洲探险，他们带去的汽油奇迹般地漏光了，致使燃料短缺，探险队遭到了全军覆没的灭顶之灾。原来汽油桶是用锡焊接的，严寒下发生"锡疫"，使汽油漏得无影无踪，酿成这样一场惨祸。

3. 导热性

材料传导热能的性能称为导热性，常用热导率 λ 来表示。一般来说，纯金属的导热性比合金好一些，而金属及合金的导热性又好于非金属。

金属材料的热导率越大，说明导热性越好。金属中银的导热性最好，铜、铝次之。金属的导热性对焊接、锻造和热处理等工艺有很大影响。导热性好的金属，在加热和冷却过程中不会产生过大的内应力，可防止工件变形和开裂。

此外，导热性好的金属散热性也好，因此散热器和热交换器等传热设备的零部件常选用导热性好的铜、铝等金属材料来制造。导热性差的材料则可用来制造绝热零部件。

4. 热膨胀性

材料因温度改变而产生体积变化的性能称为热膨胀性。热膨胀性常用线胀系数 α_l 和体胀系数 α_V 来表示。体胀系数 α_V 近似为线胀系数 α_l 的3倍。

热膨胀性是金属材料的又一重要性能，在选材、加工、装配时经常需要考虑该项性能。例如，工作在温差较大场合的长零件（如火车导轨等）、精密量具应采用线胀系数较小的材料制造；工件尺寸的测量要考虑热膨胀因素的影响，以减小测量误差等；在热加工时也要考虑材料的热膨胀影响，以减少工件的变形和开裂；工程上也常利用材料的热膨胀性来装配或拆卸过盈量较大的零件。

5. 导电性

材料传导电流的性能称为导电性，常用电阻率 ρ 表示，其单位为欧姆·米（$\Omega\cdot m$）。金属材料的电阻率越小，导电性越好。通常金属的电阻率随温度的升高而增加。相反，非金属材料的电阻率随温度的升高而降低。金属及其合金具有良好的导电性，银的导电性最好，铜、铝次之，故工业上常用铜、铝及其合金作为导电材料。而导电性差的金属如康铜、钨等可制造电热元件。

> **拓展视野**

超导材料

金属的电阻率会随温度降低而降低，人们自然会想到在人为制造的低温下观察金属的各种性质。有些物质在一定温度（T_C）以下时电阻为零，同时完全排斥磁场，即磁力线不能进入其内部。具有这种现象的材料称为超导材料。其两个独立的基本性质是零电阻和完全抗磁性。

可以产生很强的磁场、体积小、质量小、损耗电能少的超导磁体为核物理、高能物理带来了希望，例如超导氢气泡室、环形加速器、高分辨力电子显微镜、超导发电机及电动机、超导储能及磁流体发电机、磁悬浮列车等技术产品的开发。

现在科学家的当务之急是想方设法提高超导材料的临界温度。有人说如果其临界温度可以达到室温，将引起技术史上又一次革命。

6. 磁性

金属材料能导磁的性能称为磁性。目前应用的磁性材料主要有金属和陶瓷材料。不同的材料，其磁性不同。常用的铁、镍、钴等金属材料具有较高的磁性，主要用于制造变压器、电动机、测量仪表等；陶瓷磁性材料通称为铁氧体，工程上常用其制造机械及电气零件。

没有磁性的铜、铝、锌等称为抗磁金属，可用于制造要求避免电磁场干扰的零件和构件，如航空仪表、航海罗盘和炮兵准环等。

> **活动探究**

材料箱内混杂着形状、大小不一的铁钉和铝制零件，现在需要铁钉，看谁能最快地把它们都找出来。

实践训练

一、选择题

1. 铝镁合金是新型建筑装潢材料，主要用于制作窗框、卷帘门、防护栏等。下列性质与这些用途无关的是（　　）。

   A. 不易生锈　　　B. 导电性好　　　C. 密度小　　　D. 强度高

2. 下列铝制品的用途主要利用了铝的哪种性质？

   A. 导热性　　　B. 导电性　　　C. 延展性　　　D. 密度较小

   （1）铝锅烧饭_____；（2）铝锭压成铝箔_____；（3）铝线做电缆_____；（4）硬铝制飞机_____。

二、填空题

1. 精密测量仪器通常选用线胀系数较_____的材料制造。

2. 物质的性质在很大程度上决定了物质的用途，但这不是唯一的决定因素。在考虑物质的用途时，还需要考虑价格、_____、是否美观、使用是否便于_____和废料是否易_____等多种因素。

3. 油罐车行驶时罐内石油振荡产生静电，易发生火险。因此，油罐车的尾部经常有一条铁链拖到地面上，这是利用了铁的_____性。

三、简述题

1. 为什么菜刀、镰刀、锤子等用铁制而不用铅制？
2. 为什么电线一般用铜而不用银制？
3. 为什么灯泡里的灯丝用钨制而不用锡制？

第二节　金属材料的化学性能

金属材料的化学性能是指其在室温或高温下抵抗外界化学介质侵蚀的能力，包括耐蚀性和抗氧化性等。

课堂思考：

请同学们思考并相互探讨生活、生产中常见的金属腐蚀现象。

> 阅读材料

腐蚀的危害

金属腐蚀的现象非常普遍，像金属制成的日用品、生产工具、机器部件、海轮的船壳等，如果保养不好，都会腐蚀，从而造成大量金属的损耗。金属的腐蚀对国民经济带来的损失是惊人的！据一份统计报告，全世界每年由于腐蚀而报废的金属设备和材料，约为金属年产量的1/3，每年因金属腐蚀造成的直接经济损失约达7000亿美元，占各国国内生产总值（GDP）的2%~4%，是地震、水灾、台风等自然灾害造成损失总和的6倍。

腐蚀不仅造成经济损失，也经常对安全构成威胁。国内外都曾发生过许多灾难性腐蚀事故，如飞机因某一零部件破裂而坠毁；桥梁因钢梁产生裂缝而坍塌陷毁；油管因穿孔或裂纹而漏油，引起着火爆炸；化工厂中储酸槽穿孔泄漏，造成重大环境污染；管道和设备的跑、冒、滴、漏，破坏生产环境，有毒气体如Cl_2、H_2S、HCN等的泄漏，更会危及工作人员和附近居民的生命安全。

金属被腐蚀后，外形、色泽及力学性能等方面都将发生变化，会使机器设备、仪器、仪表的精密度和灵敏度降低，从而可能致使停工减产、污染环境、危害人体健康，甚至造成严重事故。因此，了解金属腐蚀的原因，掌握防护的方法，是非常重要的。

1. 耐蚀性

多数金属材料会与其周围的介质发生化学作用而使其表面被破坏，如钢铁的生锈、铜会产生铜绿等，这种现象称为锈蚀或腐蚀。金属的耐蚀性就是指它在常温下抵抗大气、水蒸气、酸及碱等介质腐蚀的能力。非金属材料的耐蚀性远远高于金属材料。

影响金属腐蚀的因素如下。

（1）金属的本性　金属越活泼，就越容易失去电子而被腐蚀。

（2）介质　如果金属中能导电的杂质不如该金属活泼，则容易形成原电池而使金属发生电化学腐蚀。

经过长期的社会生产实践，人们积累了大量的材料防腐蚀方法，总结起来大致有如下几种。

（1）改善金属的内部组织结构　制成合金（不锈钢）。

（2）在金属表面覆盖保护层　电镀、油漆、钝化等。

（3）电化学保护法　牺牲阳极的阴极保护法（图1-2）、外加直流电源的阴极保护法。

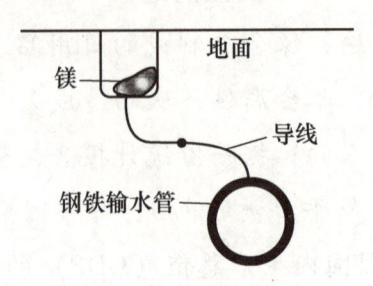

图1-2　电化学保护法

> 活动探究

为防止腐蚀自行车的部件（图1-3）采用了哪几类防护措施？

图1-3　自行车防腐蚀措施

2. 抗氧化性

金属材料在高温下容易被周围环境中的氧气氧化而遭破坏，金属材料在高温下抵抗氧化作用的能力称为抗氧化性。

在高温环境中工作的设备（如锅炉、汽轮机、汽车发动机等）上的一些零件极易因氧化而失去使用性能，所以，对于长期在高温下工作的零件，应采用抗氧化性好的材料来制造。一般金属材料的耐蚀性和抗氧化性都不是很好，为了满足化学性能的要求，必须使用特殊的合金钢或某些有色金属。

> 活动探究

金属氧化腐蚀的介质和环境条件与一般的材料腐蚀有什么不同之处？

> 实践训练

一、填空题

影响金属腐蚀的因素有_____和_____两个，就金属本身来说，金属越_____，金属越易被腐蚀，金属中含杂质越_____，金属越易被腐蚀；介质对金属腐蚀影响也很大，如果金属在_____、_____和_____中，金属越易被腐蚀。

二、简述题

1. 只有钢铁才能生锈，很多其他的金属，如铝和铜，几乎不发生锈蚀。可是为什么用钢铁比用其他金属多呢？

2. 汽车排气系统受锈蚀的影响很严重。一辆车，由普通钢制造的排气系统价值960元，由于受锈蚀，每使用大约2年就需要更换。对同一辆车，如果由不锈钢制造排气系统，受锈蚀的影响就会减少，并且可以正常使用6年，不锈钢排气系统价值1900元。从长远考虑，是普通钢排气系统便宜，还是不锈钢排气系统便宜？解释你的回答。

第三节　金属材料的力学性能

> 课堂思考：

1. 钢丝、铁丝、铜丝和铝丝四者的性能有哪些区别？
2. 生活中常用的硬币所选用的材料具有哪些特性要求？

材料在加工和使用过程中都要承受不同形式外力的作用，当外力超过某一极限值时，材料就会发生变形甚至断裂。材料的力学性能是指材料在外力作用下所表现出来的性能，如强度、塑性、硬度、韧性及疲劳强度等。

材料的力学性能既是产品设计、材料选择的重要依据，也是材料检验的重要依据之一。它取决于材料本身的化学成分和微观组织结构。

影响力学性能的因素如下。

1）内因——材料的成分、显微组织、应力状况。

2）外因——载荷大小、种类，加载速率，环境温度，介质。

材料在加工和使用过程中所受的外力称为载荷,有拉伸、压缩、弯曲、剪切、扭转等形式。载荷按外力与时间的关系分为如下几类。

(1) 静载荷　大小和方向不变或变化缓慢的载荷,其主要类型如图 1-4 所示。

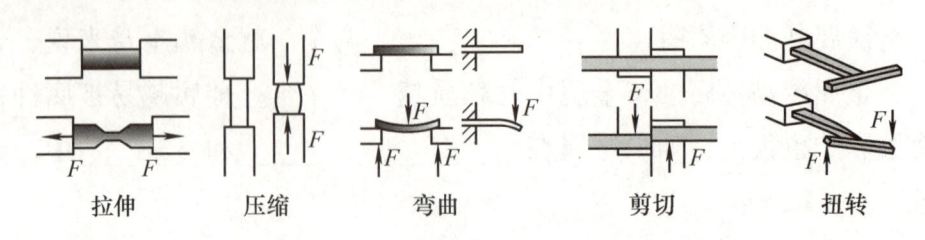

图 1-4　静载荷的主要类型

(2) 动载荷　载荷随时间而变化。

1) 冲击载荷。在短时间以内以较高速度突然增加的载荷,如錾削加工和拳击动作等载荷,如图 1-5a 所示。

2) 交变载荷。大小或方向随时间做周期性变化的载荷,如齿轮、弹簧工作时所受的载荷,如图 1-5b 所示。

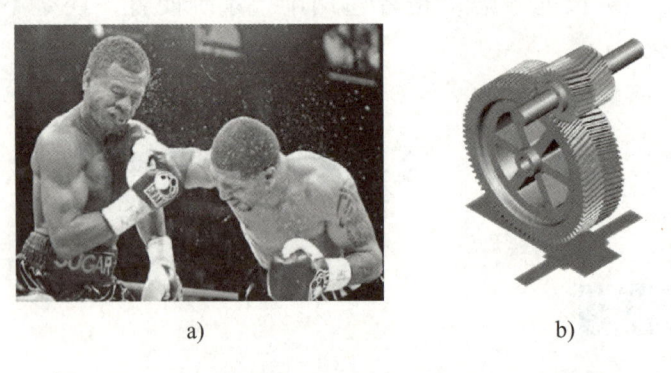

图 1-5　动载荷的主要类型

> **思考与交流**

请判断以下物体所受载荷的类型。

起重机吊物时钢丝绳所受的载荷_____;千斤顶支顶重物时所受的载荷_____;起吊时起重机长臂所受的载荷_____;铆接件所受的载荷_____;汽车转向时转向盘及转轴所受的载荷_____;拳击手击打在对方身体上的载荷_____;拉伸试验中试样所受的载荷_____。

材料在外力作用下产生的形状或尺寸的变化称为变形。

材料在外力作用下产生应力和应变(即变形)。当应力未超过材料的弹性极限时，产生的变形在外力去除后全部消失，材料恢复原状，这种变形是可逆的**弹性变形**，如图 1-6a 所示。当应力超过材料的弹性极限时，产生的变形在外力去除后不能全部恢复，而残留一部分变形，材料不能恢复到原来的形状，这种残留的变形是不可逆的**塑性变形**，如图 1-6b 所示。材料的弹性变形可用于控制机构运动、缓冲与吸振、储存能量等。而在锻压、轧制、拔制等加工过程中，产生的弹性变形比塑性变形要小得多，通常忽略不计。这类利用塑性变形而使材料成形的加工方法，统称为塑性加工。加工好的零件一般应通过热处理来改善材料性能。

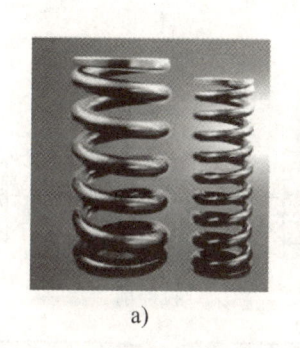

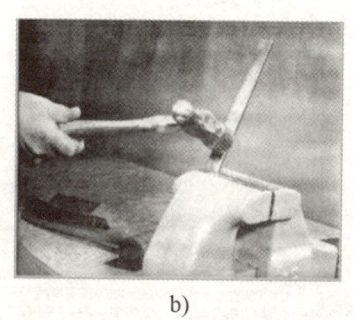

图 1-6　变形类型

> 思考与总结

请思考并列举几个在实际生产和生活中利用弹性变形、塑性变形的例子。

材料在受外力作用时，为使其不变形，在材料内部产生的一种与外力相对抗的力称为**内力**（其大小与外力相等）。

同样材质、粗细不同的材料在相同拉力的作用下，细的更容易被拉断。金属材料的力学性能只凭力的大小是不能准确判定的。为此用单位面积上的内力即应力来判定。其按下式计算

$$R = F/S$$

式中　R——应力（MPa）；

　　　F——外力（N）；

　　　S——横截面积（mm^2）。

常用的力学性能指标有强度、塑性、硬度、韧性等。

一、强度

强度是指材料在载荷作用下抵抗永久变形和断裂的能力。强度的大小通常用

应力表示，符号为 R，单位为 MPa。工程上常用的强度指标有上屈服强度（R_{eH}）、下屈服强度（R_{eL}）和抗拉强度 R_m 等。金属材料的强度与塑性可通过静载荷拉伸试验测得，如图 1-7 所示。试验前将试验材料按 GB/T 228.1—2021 制成拉伸试样。拉伸试样如图 1-8 所示，图中 d_o 为试样的原始直径（mm），L_o 为试样的原始标距长度（mm）。$L_o = 10d_o$ 为长试样；$L_o = 5d_o$ 为短试样。将试样装在拉伸试验机上，对试样缓慢增加拉伸力，使其不断产生变形，直至被拉断。退火低碳钢的拉伸力-伸长量曲线如图 1-9 所示。

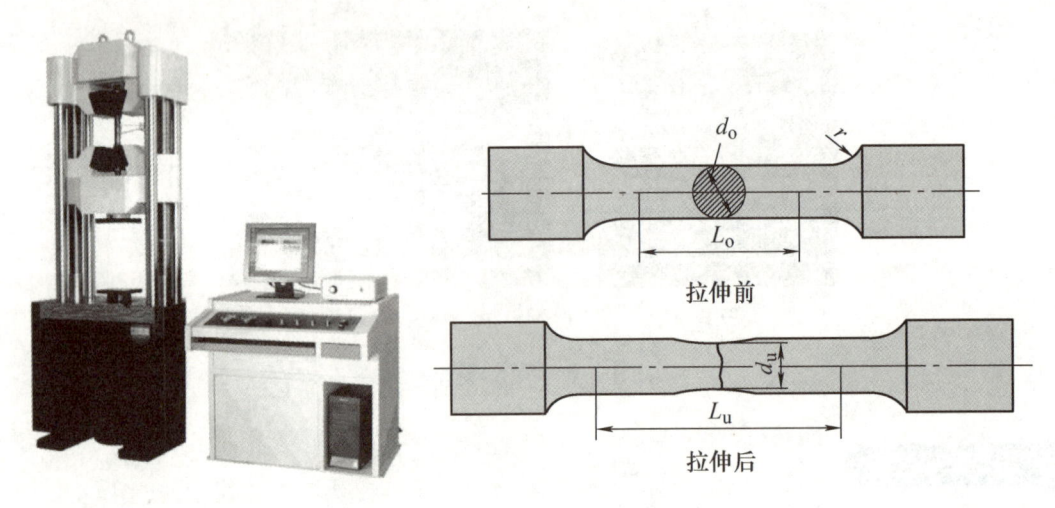

图 1-7　静载荷拉伸试验

图 1-8　拉伸试样

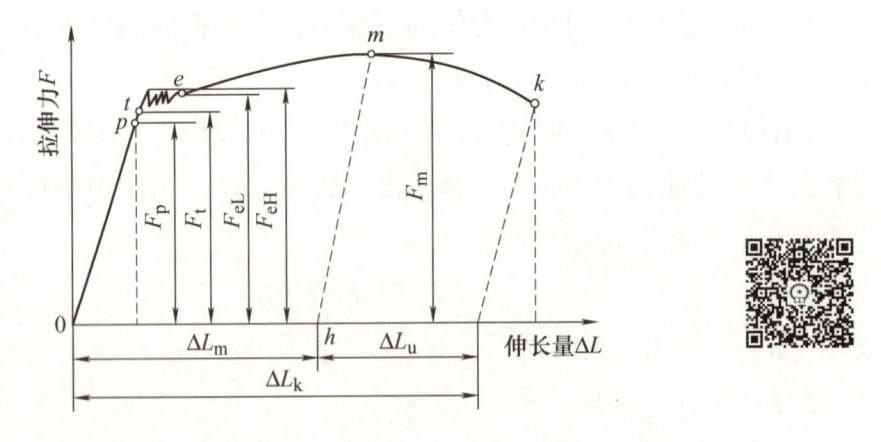

图 1-9　退火低碳钢的拉伸力-伸长量曲线

（1）弹性变形阶段　试样变形完全是弹性的，这种随载荷的存在而产生，随载荷的去除而消失的变形称为弹性变形。F_p 为试样能恢复到原始形状和尺寸的最大拉伸力。

（2）屈服阶段　在载荷不增加或略有减小的情况下，试样还继续伸长的现象称为屈服。屈服后,材料开始出现明显的塑性变形。F_e 称为屈服拉伸力。

(3) 强化阶段 随塑性变形增大,试样变形抗力也逐渐增加,这种现象称为形变强化(也称加工硬化)。F_m 为拉伸试样的最大力。

(4) 缩颈阶段(局部塑性变形阶段) 当载荷达到最大值 F_m 后,试样的直径发生局部收缩,称为缩颈。工程上使用的金属材料多数没有明显的屈服现象,有些脆性材料不但没有屈服现象,而且也不产生缩颈,如铸铁等。

1. 屈服强度

由图1-9可知:F_p 是试样保持弹性变形的最大拉伸力;当拉伸力 > F_t 时,产生塑性变形;当拉伸力达到 F_t 时,试样明显变形,这种明显变形现象称为屈服现象。在金属材料中,一般用下屈服强度代表其屈服强度,R_{eL} 的计算公式为

$$R_{eL} = \frac{F_{eL}}{S_o}$$

式中 R_{eL}——下屈服强度(MPa);

F_{eL}——试样屈服时所承受的拉伸力(N);

S_o——试样原始横截面积(mm^2)。

> **材料前沿**

"鸟巢"钢

如图1-10所示,"鸟巢"——国家体育场被世界级专家称为现代材料学上的国际尖端科技成果,其大胆、前卫的设计给施工带来不小难度,而特殊的钢结构更是给建设者带来了前所未有的挑战。

图1-10 "鸟巢"——国家体育场

"鸟巢"使用的Q460是一种低合金高强度钢,它在屈服强度达到460MPa时才会发生塑性变形,也只有这种属性,才能成为国家体育场特殊结构的栋梁。但是,这种特殊的强度要求在中国尚无先例,以前这种钢一直进口。但是,作为北京2008年奥运会开幕式的体育场馆,作为国家体育场,其栋梁之材显然只能由中国人自己生产!

为此,中国的科研人员经历了漫长的科技攻关,经过无数次的研发与探索,经过多次试制,从无到有直至刷新国标,终于,自主创新、具有知识产权的国产钢材Q460,撑起了国家体育场的钢骨脊梁。

2. 抗拉强度

试样拉断前所能承受的最大应力称为抗拉强度,用符号R_m表示

$$R_m = \frac{F_m}{S_o}$$

式中　R_m——抗拉强度(MPa);

　　　F_m——试样在拉伸过程中所承受的最大力(N);

　　　S_o——试样原始横截面积(mm^2)。

在实际生产中,R_{eL}是工程中塑性材料零件设计及计算的重要依据,$R_{r0.2}$则是不产生明显屈服现象零件的设计计算依据。有时可直接采用抗拉强度R_m加安全系数。

在工程上,把R_{eL}/R_m称为屈强比,其一般取值为0.65~0.75。

二、塑性

塑性是指材料在断裂前发生不可逆永久变形的能力。常用的塑性性能指标如下。

(1)断后伸长率　断后伸长率是指试样拉断后标距的残余伸长($L_u - L_o$)与原始标距(L_o)的百分比,用符号A表示

$$A = \frac{L_u - L_o}{L_o} \times 100\%$$

式中　L_o——试样原始标距(mm);

　　　L_u——试样拉断后标距(mm)。

断后伸长率的数值和试样标距长度有关。$A_{11.3}$表示长试样的断后伸长率(通常写成δ),A表示短试样的断后伸长率。同种材料的$A > A_{11.3}$,所以相同符号的

断后伸长率才能进行比较。

(2) 断面收缩率　断面收缩率是指断裂后试样横截面积的最大缩减量（$S_o - S_u$）与原始横截面积（S_o）的百分比，用符号 Z 表示

$$Z = \frac{S_o - S_u}{S_o} \times 100\%$$

式中　S_o——试样原始横截面积（mm^2）；

S_u——试样拉断后缩颈处最小横截面积（mm^2）。

断面收缩率不受试样尺寸的影响，比较确切地反映了材料的塑性。一般 A 或 Z 值越大，材料塑性越好。

【例】　有一直径 $d_o = 10mm$、$L_o = 100mm$ 的低碳钢试样，拉伸试验时测得 $F_{eL} = 21kN$、$F_m = 29kN$、$d_u = 5.65mm$、$L_u = 138mm$，求 R_{eL}、R_m、A、Z。

解：(1) 计算 S_o、S_u

$$S_o = \pi d_o^2/4 = 3.14 \times 10^2/4 mm^2 = 78.5 mm^2$$

$$S_u = \pi d_u^2/4 = 3.14 \times 5.65^2/4 mm^2 = 25 mm^2$$

(2) 计算 R_{eL}、R_m

$$R_{eL} = F_{eL}/S_o = 21 \times 10^3/78.5 MPa = 267.5 MPa$$

$$R_m = F_m/S_o = 29 \times 10^3/78.5 MPa = 369.4 MPa$$

(3) 计算 A、Z

$$A = (L_u - L_o)/L_o \times 100\% = (138 - 100)/100 \times 100\% = 38\%$$

$$Z = (S_o - S_u)/S_o \times 100\% = (78.5 - 25)/78.5 \times 100\% = 68\%$$

答：此低碳钢的 R_{eL} 为 267.5MPa，R_m 为 369.4MPa，A 为 38%，Z 为 68%。

三、硬度

硬度是指材料抵抗局部变形，特别是塑性变形、压痕或划痕的能力，它是衡量材料软硬的指标。硬度值的大小不仅取决于材料的成分和组织结构，而且取决于测定方法和试验条件。

硬度试验设备简单，操作迅速、方便，一般不破坏零件或构件，而且对于大多数金属材料，硬度与其他的力学性能（如强度、耐磨性）以及工艺性能（如可加工性、焊接性等）之间存在着一定的对应关系。因此，在工程上，硬度被广泛地用以检验原材料和热处理件的质量，鉴定热处理工艺的合理性以及作为评定工

艺性能的参考。

常见的硬度试验方法：布氏硬度（主要用于原材料检验）、洛氏硬度（主要用于热处理后的产品检验）、维氏硬度（主要用于薄板材料及材料表层的硬度测定）、显微硬度（主要用于测定金属材料的显微组织及各组成相的硬度）。现只介绍生产上常用的布氏硬度和洛氏硬度。

1. 布氏硬度

1）布氏硬度试验是用一定直径 D 的碳化钨合金球作压头，以相应的试验力压入试样的表面，经规定保持时间后，卸除试验力，测量试样表面的压痕直径 d，如图 1-11 所示。

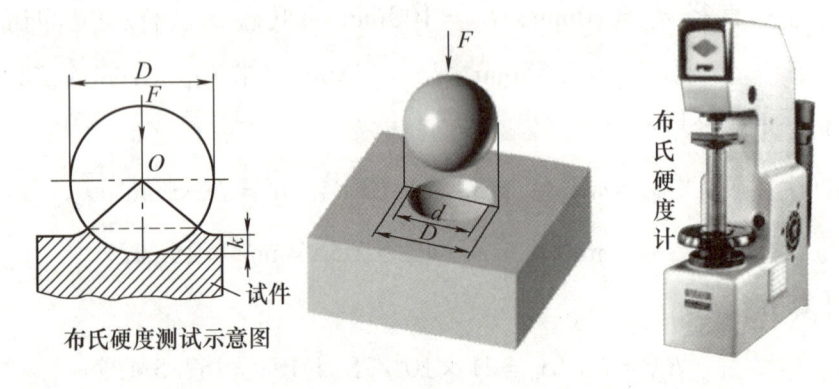

图 1-11　布氏硬度试验法

布氏硬度值是试验力 F 除以压痕球形表面积所得的商

$$\text{HBW} = 0.102 \frac{2F}{\pi D(D - \sqrt{D^2 - d^2})}$$

当 F、D 一定时，布氏硬度值仅与压痕直径 d 有关。d 越小，布氏硬度值越大，材料硬度越高；反之，则说明材料较软。在实际应用中，布氏硬度一般不用计算，只需根据测出的压痕平均直径 d 查表即可得到硬度值。

2）布氏硬度的表示方法。布氏硬度用符号 HBW 表示。

其表示方法：在符号 HBW 之前为布氏硬度值（不标注单位），符号后面按以下顺序用数值表示试验条件。例如，600HBW1/30/20 表示用直径 1mm 的碳化钨合金球压头在 294.2N（即 30kgf = 294.2N）试验力作用下保持 20s（不标注），测得的布氏硬度值为 500。当试验力的保持时间为 10~15s 时，可不标注该时间。

在做布氏硬度试验时，应根据被测金属材料的种类和试件厚度，按一定的试验规范，正确地选择压头直径 D、试验力 F 和保持时间 t。

3）布氏硬度的特点及应用。布氏硬度试验压痕面积较大，受测量不均匀度影响较小，故测量结果较准确，适合于测量组织粗大且不均匀的金属材料的硬度，如铸铁、铸钢、有色金属及其合金，各种退火、正火或调质的钢材等。另外，由于布氏硬度与 R_m 之间存在一定的经验关系，因此得到了广泛应用。但布氏硬度试验测试费时、压痕较大，不宜用来测成品，特别是有较高精度要求配合面的零件及小件、薄件，也不能用来测太硬的材料。

2. 洛氏硬度

1）洛氏硬度测试。洛氏硬度是在初试验力（F_0）及总试验力（$F_0 + F_1$）的先后作用下，将压头（120°金刚石圆锥或直径为 1.5875mm（或 3.175mm）的碳化钨合金球）压入试样表面，经规定保持时间后，卸除主试验力 F_1，用测量的残余压痕深度增量计算硬度值，如图 1-12 所示。

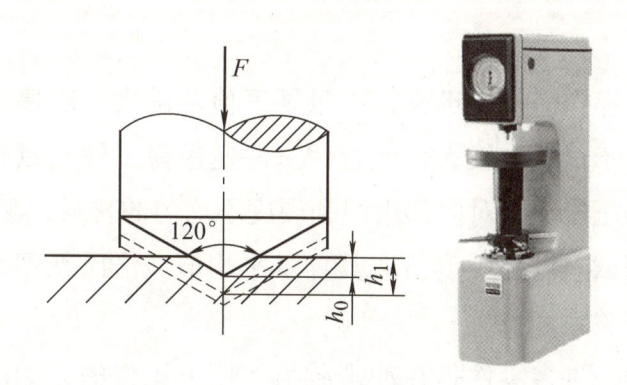

图 1-12 洛氏硬度试验法

压头在 F_1 作用下，实际压入试件产生塑性变形的压痕深度为 h（$h = h_1 - h_0$ 为残余压痕深度增量）。用 h 大小来判断材料的硬度。h 越大，硬度越低，反之，硬度越高。实测时，硬度值的大小直接由硬度计表盘上读出。

2）洛氏硬度表示方法。洛氏硬度符号 HR 前面为硬度数值，HR 后面为使用的标尺。例如 50HRC 表示用 C 标尺测定的洛氏硬度值为 50。

3）洛氏硬度的特点及应用。在洛氏硬度试验中，选择不同的试验力和压头类型可得到不同的洛氏硬度标尺，便于用来测定从软到硬较大范围的材料硬度。最常用的是 HRA、HRBW、HRC 三种标尺。洛氏硬度标尺试验条件、硬度值计算公式及应用实例见表 1-1，其中，以 HRC 应用最为广泛。

表 1-1 洛氏硬度标尺试验条件、硬度值计算公式及应用实例

标尺	硬度符号	压头类型	初试验力/N	总试验力/N	硬度值计算公式	硬度值测量范围	应 用 实 例
A	HRA	120°金刚石圆锥体	98.07	588.4	HRA = 100 − e	20 ~ 95	高硬度的薄件、表面淬火钢、硬质合金等
C	HRC			1471	HRC = 100 − e	20 ~ 70	调质钢、淬火钢、深层表面硬化钢等
B	HRBW	φ1.5875mm 碳化钨合金球		980.7	HRBW = 130 − e	10 ~ 100	有色金属、退火、正火钢、铸铁等

注：表中 $e = \dfrac{h}{0.002}$

洛氏硬度试验操作简便、迅速，测量硬度值范围大、压痕小，可直接测成品和较薄工件。但由于试验力较大，不宜用来测定极薄工件及氮化层、金属镀层等的硬度。而且由于压痕小，对内部组织和硬度不均匀的材料，测定结果波动较大，故需在不同位置测试三点的硬度值取其算术平均值。洛氏硬度无单位，各标尺之间没有直接的对应关系。

在实际生产中，许多零件是在冲击载荷作用下工作的，如压力机的冲头、锻锤的锤杆、风动工具等。对这类零件，不仅要满足在静载荷作用下的性能要求，还应具有足够的韧性，以防止发生突然的脆性断裂。

四、韧性

韧性是指材料在塑性变形和断裂过程中吸收能量的能力。

材料突然脆性断裂除取决于材料的本身因素以外，还和外界条件，特别是加载速率、应力状态及温度、介质的影响有很大的关系。

1. 冲击韧性

冲击韧性是指金属材料在冲击载荷作用下抵抗破坏的能力。夏比摆锤冲击试验原理图如图 1-13 所示。

摆锤一次冲断试样所消耗的能量用符号 K 表示

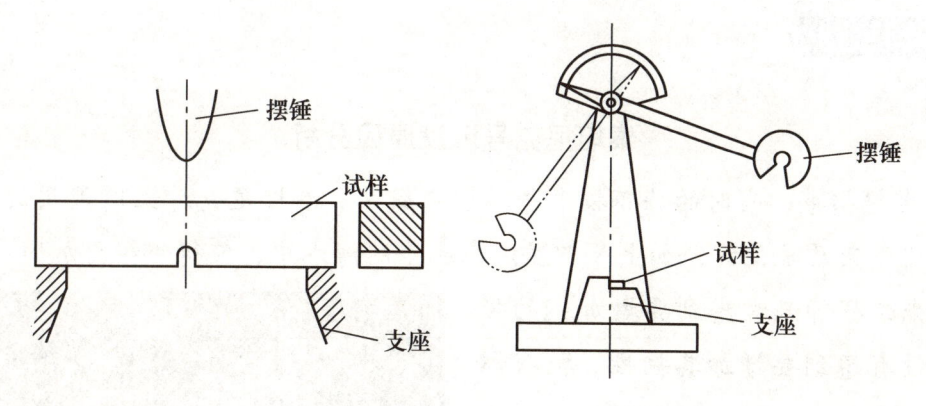

图 1-13　夏比摆锤冲击试验原理图

$$K = mgh_1 - mgh_2 = mg(h_1 - h_2)$$

式中　K——吸收能量（J），由试验机刻度盘上直接读出。

材料的冲击韧性值为

$$a_K = \frac{K}{S}$$

式中　S——试样缺口横截面积（mm^2）。

对一般常用钢材来说，所测吸收能量 K 越大，材料的韧性就越好。但由于测出的吸收能量 K 的组成比较复杂，所以有时测得的 K 值及计算出的冲击韧度不能真正反映材料的韧脆性质。

吸收能量与温度有关，如图 1-14 所示。

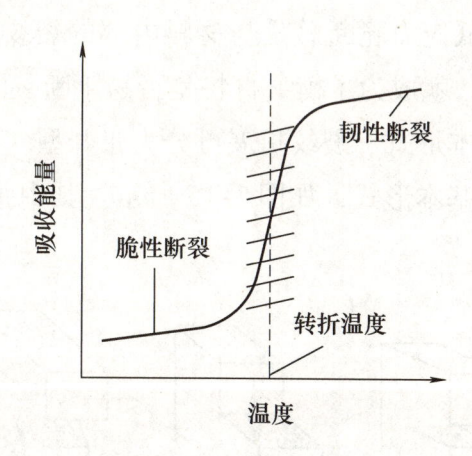

图 1-14　吸收能量与温度关系

吸收能量还与试样形状、尺寸、表面粗糙度、内部组织和缺陷等有关。所以吸收能量一般只能作为设计和选材的参考数据。

> 阅读材料

泰坦尼克号沉没原因分析

20世纪初期,当时的炼钢技术并不十分成熟,泰坦尼克号上所使用的钢板含有许多化学杂质硫化锌,加上长期浸泡在冰冷的海水中,使得钢板更加脆弱。

造船工程师只考虑到要增加钢的强度,而没有想到要增加其韧性。把残骸的金属碎片与如今的造船钢材做一对比试验,发现在"泰坦尼克号"沉没地点的水温中,如今的造船钢材在受到撞击时可弯成V形,而残骸上的钢材则因韧性不够而很快断裂。由此发现了钢材的冷脆性,即在 $-40 \sim 0$ ℃,钢材的力学性能由韧性变成脆性,从而导致灾难性的脆性断裂。

2. 断裂韧度

(1) 低应力脆断的概念 有些高强度材料的机件常常在远低于屈服强度的状态下发生脆性断裂;中、低强度的重型机件、大型结构件也有类似情况,这就是低应力脆断。突然折断类的事故,往往都属于低应力脆断。

研究和试验表明,低应力脆断总是与材料内部的裂纹及裂纹的扩展有关。因此,裂纹是否易于扩展,就成为了衡量材料是否易于断裂的一个重要指标。

(2) 裂纹扩展的基本形式 裂纹扩展可分为张开型(Ⅰ型)、滑开型(Ⅱ型)和撕开型(Ⅲ型)三种基本形式,如图1-15所示。其中张开型(Ⅰ型)最危险,最容易引起脆性断裂。

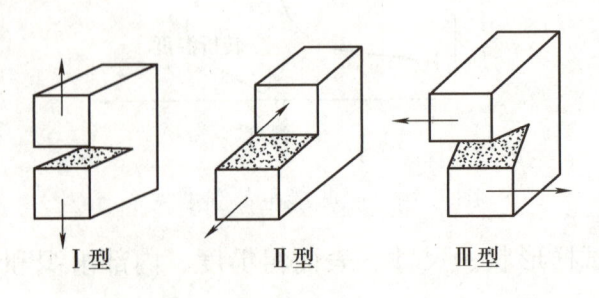

图1-15 裂纹扩展基本形式

（3）断裂韧度及其应用　当材料中存在裂纹时，在外力的作用下，裂纹尖端附近某点处的实际应力值与施加的应力 R（称为名义应力）、裂纹长度 a 及其距裂纹尖端的距离有关，即施加的应力在裂纹尖端附近形成了一个应力场。为表述该应力场的强度，引入了应力场强度因子的概念，即

$$K_I = YR\sqrt{a}$$

式中　K_I——应力强度因子（$MPa \cdot m^{1/2}$），I 表示张开型裂纹；

　　　R——名义应力（MPa）；

　　　a——裂纹长度（m）；

　　　Y——裂纹形状系数，一般 $Y = 1 \sim 2$。

由公式可见，K_I 随 R 和 a 的增大而增大，故应力场的应力值也随之增大，造成裂纹自动扩展。

断裂韧度可为零（构）件的安全设计提供重要的力学性能指标。断裂韧度是材料固有的力学性能指标，是强度和韧性的综合体现。它与裂纹的大小、形状、外加应力等无关，主要取决于材料的成分、内部组织和结构。

五、疲劳

1. 疲劳断裂

某些机械零件，在工作应力低于其屈服强度甚至弹性极限的情况下发生的断裂，称为疲劳断裂。疲劳断裂不管是对于脆性材料还是韧性材料，都是突发性的，事先均无明显塑性变形，具有很大的危险性。

2. 疲劳强度

疲劳曲线示意图如图 1-16 所示。由曲线可以看出，应力值 R 越低，断裂前的

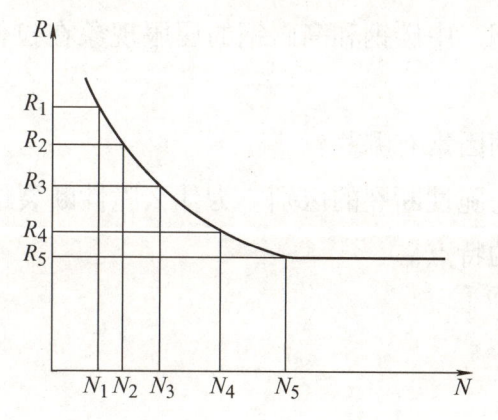

图 1-16　疲劳曲线示意图

循环次数越多。把试样承受无数次应力循环或达到规定的循环次数才断裂的最大应力作为材料的疲劳强度。通常规定钢铁材料的循环基数 N_0 为 10^7，有色金属的循环基数 N_0 为 10^8，不锈钢及腐蚀介质作用下的循环基数 N_0 为 10^6。

职业常识

设计师们对这些力学性能制订了各种各样的规范。例如，对一种钢管，人们要求它有较高的强度，但也希望它有较高的延性，以增加韧性。由于强度和延性两者往往是矛盾的，工程师们要做出最佳设计常常需要在两者中权衡比较。同时，还有各种各样的方法确定材料的强度和延性。钢棒弯曲时就算破坏，还是必须发生断裂才算破坏？答案当然取决于工程设计的需要。

实践训练

一、判断题

1. 金属材料在拉伸试验时都会出现显著的屈服现象和缩颈现象。（　　）
2. 布氏硬度取决于残余压痕深度增量，洛氏硬度则取决于压痕直径大小。
（　　）
3. 标距不同的断后伸长率不能相互比较。（　　）

二、填空题

变形一般分为_____变形和_____变形两种。不能随载荷的去除而消失的变形称为_____变形。

三、简述题

1. 试述退火低碳钢、中碳钢和高碳钢的屈服现象在拉伸力-伸长量曲线图上的区别。为什么？
2. 决定屈服强度的因素有哪些？
3. 试述韧性断裂与脆性断裂的区别。为什么脆性断裂最危险？
4. 试述疲劳断裂的特点。

第四节　金属材料的工艺性能

课堂思考：

工厂是如何把金属材料加工制造成机械零件的？

工艺性能是指材料适应加工工艺要求的能力。按加工方法的不同，可分为铸造性能、可锻性、焊接性、可加工性及热处理工艺性能等。在设计零件和选择工艺方法时，都要考虑材料的工艺性能，以降低成本，获得质量优良的零件。

一、铸造性能

金属的铸造如图 1-17 所示。铸造性能是指金属材料铸造成形获得优良铸件的能力，用流动性、收缩性和偏析来衡量。

图 1-17　铸造

1. 流动性

熔融金属的流动能力称为流动性。流动性好的金属容易充满铸型，从而获得外形完整、尺寸精确、轮廓清晰的铸件。

2. 收缩性

铸件在凝固和冷却过程中，其体积和尺寸减小的现象称为收缩性。铸件收缩不仅影响尺寸，还会使铸件产生缩孔、疏松、内应力、变形和开裂等缺陷。故铸造用金属材料的断面收缩率越小越好。

3. 偏析

金属凝固后，铸锭或铸件化学成分和组织的不均匀现象称为偏析。偏析大会使铸件各部分的力学性能有很大的差异，降低铸件的质量。

二、可锻性

可锻性是指材料通过锻压成形方法，如锻造（图1-18）、压延、轧制、拉拔、挤压，获得优良锻件的难易程度。可锻性主要取决于金属材料的塑性和变形抗力。塑性越好，变形抗力越小，金属的可锻性就越好。

三、焊接性

焊接性是指材料对焊接加工（图1-19）的适应性，也就是在一定的焊接参数下，获得优质焊接接头的难易程度。钢材的碳含量是焊接性好坏的主要因素。低碳钢和碳的质量分数低于0.18%的合金钢有较好的焊接性。碳含量和合金元素含量越高，焊接性越差。

图1-18　锻造 　　　　　　　图1-19　焊接

四、可加工性

可加工性一般用切削加工（图1-20）后的表面质量（以表面粗糙度值大小衡量）和刀具寿命来表示。金属材料具有适当的硬度（170～230 HBW）和足够的脆性时可加工性良好。改变钢的化学成分（如加入少量铅、磷等元素）和进行适当的热处理（如对低碳钢进行正火处理，对高碳钢进行球化退火处理）可提高钢的可加工性。铜有良好的可加工性。

图 1-20 切削加工

五、热处理工艺性能

热处理工艺性能是指材料可以实施的热处理方法和材料在热处理时性能改变的程度，主要考虑其淬透性，即钢接受淬火的能力。含 Mn、Cr、Ni 等合金元素的合金钢的淬透性比较好，碳钢的淬透性较差。铝合金的热处理要求较严。铜合金只有几种可以用热处理强化。

实践训练

一、判断题

1. 低碳钢的焊接性较差，高碳钢、铸铁的焊接性较好。（　　）
2. 碳钢的铸造性能比铸铁好，故常用来铸造形状复杂的工件。（　　）
3. 可锻性的好坏主要与金属材料的塑性有关，塑性越好，可锻性就越好。
（　　）

二、填空题

1. 一般认为金属材料的硬度为_____时，具有良好的可加工性。
2. 流动性是指液态金属充满铸型的能力，其影响因素主要有_____、
_____。

第二章

金属材料的结构和性能的控制

> 📌 **应知应会**

通过本章的学习，可以学会以下几个方面的知识与技能。

1. 了解金属材料的微观特性，即内部晶体结构。
2. 学会利用热分析法分析合金材料的特性，能够根据 Fe–Fe$_3$C 合金相图选择和使用材料。
3. 学会利用热处理技术和其他的表面处理技术改变零件的特性，提高零件的力学性能。

> 📌 **学习重点**

1. 能够分析 Fe–Fe$_3$C 合金相图并掌握其应用。

2. 了解热处理的原理并掌握普通热处理的技术方法。
3. 了解零件的表面处理技术。
4. 理解金属塑性变形的实质。

第一节　金属及其合金的固态结构

课堂思考：

1. 平时所用的剪刀是如何能裁剪物品的，扳手是如何能承受如此大的扭矩的，其内部结构是怎样的呢？

2. 根据生活经验，总结金属材料与非金属材料的不同。

自然界的固态物质根据原子在内部的排列是否规则可分为晶体和非晶体两大类。固态下原子在内部呈周期性、规则排列的物质，称为晶体（图2-1a）。晶体具有各向异性，有固定的熔点，如味精、纯铝、纯铁、纯铜等。固态下原子在内部呈无序堆积状的物质，称为非晶体（图2-1b），如蜡烛、松香、玻璃、沥青等。

a) 晶体(味精)　　　　b) 非晶体(松香)

图2-1　晶体与非晶体

一、晶体组织结构的基础知识

绝大多数金属和合金在固态下通常是晶体，晶体物质表现出的不同特性决定于其内部组织，因此研究晶体的内部组织结构十分重要。晶体内部组织结构的基本概念见表2-1。

表2-1 晶体内部组织结构的基本概念

名称	描述		图示
晶体组织结构	描述了晶体中原子（离子、分子）的排列方式		
晶格	为了形象描述晶体内部原子排列的规律，用假想的直线将原子中心连接起来所形成的三维空间格架		
晶胞	根据晶体中原子的排列具有周期性变化的特点，从晶格中选取一个能够完整反映晶格特征的最小几何单元		
晶格常数	用来描述晶胞大小与形状的几何参数	棱边	棱边尺寸用 a、b、c 表示，以 Å（埃）为单位来度量（$1Å = 1 \times 10^{-8}$ cm）
		夹角	以 α、β、γ 表示
简单立方晶胞	晶胞的棱边 $a = b = c$，棱边夹角 $\alpha = \beta = \gamma = 90°$		

二、典型的金属晶格

在已知的80多种金属材料中，金属的晶格类型很多，但大多数金属属于体心立方晶格、面心立方晶格或密排六方晶格。常见的晶格类型及其特点见表2-2。

表2-2 常见的晶格类型及其特点

名称	典型晶胞示意图			原子分布	原子个数	常见金属
体心立方晶格				立方体的8个顶角上和晶胞内部各有一个原子	2	铬（Cr）、钨（W）、钼（Mo）、钒（V）、α-铁（α-Fe）等

(续)

名称	典型晶胞示意图	原子分布	原子个数	常见金属
面心立方晶格		立方体的8个顶角和六个面的中心各有一个原子	4	铝（Al）、铜（Cu）、铅（Pb）、金（Au）、γ-铁（γ-Fe）等
密排六方晶格		12个顶角和上、下两个面的中心各有一个原子，柱体内部有三个原子	6	镁（Mg）、锌（Zn）、铍（Be）、镉（Cd）、α-钛（α-Ti）等

三、金属实际的晶体组织结构

1. 单晶体

为了便于研究，常将晶体理想化，视为原子呈周期性、规则地排列，原子在平衡位置静止不动，完整无缺陷，即晶体内部的晶格位向是完全一致的，这种晶体称为单晶体（图2-2a）。目前，只有采用特殊方法才能获得单晶体。

2. 多晶体

实际工程上使用的材料绝大部分为多晶体，即其由许多不同位向的小晶体组成，每个小晶体内部晶格位向基本上是一致的，而各小晶体之间位向却不相同，这种外形不规则、呈颗粒状的小晶体称为晶粒。晶粒与晶粒之间的界面称为晶界。由许多晶粒组成的晶体称为多晶体（图2-2b）。

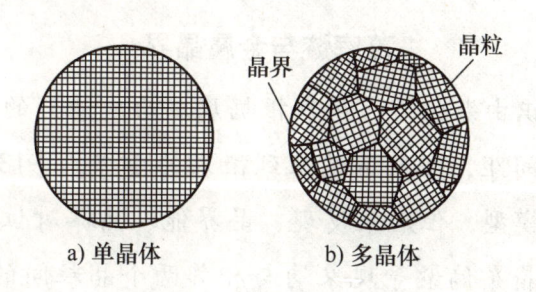

a) 单晶体　　b) 多晶体

图2-2　单晶体与多晶体

3. 晶体缺陷

在金属晶体中，由于晶体形成条件、原子的热运动及其他各种因素的影响，原子规则排列的局部区域受到破坏，呈现出不完整情况，通常把这种区域称为晶体缺陷。根据几何特征，晶体缺陷可分为点缺陷、线缺陷和面缺陷三类，见表 2-3。

表 2-3 晶体缺陷

晶体缺陷	图示	缺陷特征	产生的影响
点缺陷		晶格空位、置换原子、间隙原子	由于点缺陷的出现，周围原子发生"撑开""靠拢"现象（这种现象称为晶格畸变）。晶格畸变的存在，使金属产生内应力，晶体性能发生变化，如强度、硬度和电阻增加，体积发生变化，故它也是强化金属的手段之一
线缺陷		刃型位错、螺型位错	位错的存在对金属的力学性能有很大影响。例如，金属材料处于退火状态时，位错密度较低，强度较差；经冷塑性变形后，材料的位错密度增加，故提高了强度
面缺陷		晶界	通常指的是晶界或者亚晶界。它是不同位向晶粒原子排列无规则的过渡层，原子处于不稳定状态，能量较高，常温下晶界有较高的强度和硬度；原子扩散速度较快；容易被腐蚀、熔点低等

材海史话

葛庭燧与金属晶界

人们对晶界的认识由来已久。早期根据腐蚀后所看到的晶界厚度估计，晶界约有成百上千个原子间距，即数百纳米到微米的量级。1913 年 Rosenhain 提出了晶界结构的非晶态膜模型，但后来发现，晶界能、晶界对位错滑移的阻碍、沿晶界扩散、晶界迁移、晶界偏聚等现象均与相邻两个晶粒间的相对取向密切相关，因此证明非晶态膜模型不能适用。1929 年，Hargreaves 和 Hills 提出了过渡点阵理论，他们认为，晶界是一种只有几个原子层厚的过渡区，其中的原子占据了不同于两侧晶体点阵的居中位置，以使其势能最低。这是第一次把晶界结构与能量准则联系起来。然而，因为在当时还没有透射电镜，因此关于晶界结构的认识存在严重分歧。

但这一状况在1947年发生了极大的变化。当时34岁的旅美中国学者葛庭燧，用他自己发明的扭摆（后来称葛氏摆）测定了铝的晶界内耗峰，根据内耗峰可以估算晶界厚度。他得到的结果是：晶界并没有数百上千原子个间距那么厚，而只有2~3个原子间距。这个结果让人十分震惊，但在当时还不能直接证明其正确性。但20年后人们在透射电镜下看到了金属的晶界，最终证明葛庭燧的研究结果是正确的。葛庭燧是最早正确认识晶界厚度的人，至少是其中的一位。

实践训练

一、选择题

1. 下列材料中属于非晶体材料的是（　　）。
   A. 纯铁　　　　　　B. 纯铜
   C. 纯铝　　　　　　D. 纯玻璃

2. 下列晶格缺陷的现象不属于点缺陷的是（　　）。
   A. 晶格空位　　　　B. 刃型位错
   C. 置换原子　　　　D. 间隙原子

二、填空题

1. 常见的金属晶格有_____、_____、_____。

2. _____是反映晶格特征的最小几何单元。

3. 由于晶体缺陷、原子发生"撑开"或"靠拢"的现象称为_____。

三、简述题

1. 实际金属晶体中存在哪些晶体缺陷？对金属的力学性能有什么影响？

2. 说一说日常生活中见到的非晶体。

第二节　金属的结晶

课堂思考：

1. 金属的结晶与水结成冰是一个道理吗？

2. 请查阅资料描述"树挂"的形成。

金属的组织结构与结晶过程关系密切，结晶后形成的组织对金属的使用性能和工艺性能有直接影响，因此了解金属和合金的结晶规律非常重要。

一、纯金属的冷却曲线

1. 结晶的概念

绝大多数金属制件都是经过熔化、冶炼和浇注而获得的，这种由液态转变为固态的过程称为凝固。从广义上讲，如果凝固的是固态物质的晶体，则这种凝固又称为结晶。严格意义上讲，结晶就是原子从一种排列状态（晶态或非晶态）变为另一种规则排列状态的过程。

2. 纯金属的冷却曲线

纯金属都有一个固定的熔点（或结晶温度）T_0，当温度 $T > T_0$ 时，金属处于液相稳定状态；当温度 $T < T_0$ 时，金属处于固相稳定状态；当温度 $T = T_0$ 时，金属处于平衡状态。

纯金属的冷却曲线，是用热分析法将由液态向固态冷却过程中每隔一定时间所测得的温度与时间一一对应，绘制在温度-时间坐标系中，即温度随时间而变化的曲线（图2-3）。

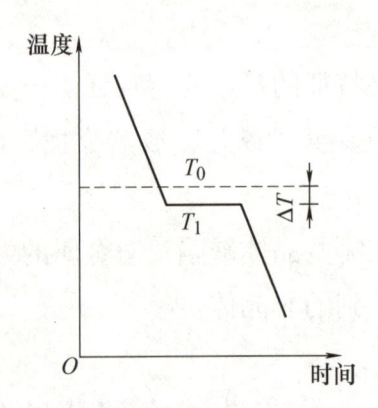

图 2-3 纯金属冷却曲线

由该冷却曲线可见，液态金属随着冷却时间的延长，所含的热量不断散失，温度也不断下降，但是当冷却到某一温度时，温度随时间延长并不变化，在冷却曲线上出现了"平台"，"平台"对应的温度就是纯金属实际结晶的温度。出现"平台"的原因是结晶时放出的潜热正好补偿了金属向外界散失的热量。结晶完

成后，由于金属继续向环境散热，温度又重新下降。

需要指出的是，图 2-3 中的温度为理论结晶温度。在实际生产中，纯金属自液态冷却时，是有一定冷却速度的，有时甚至很大，在这种情况下，纯金属的结晶过程是在 T_1 温度进行的。如图 2-3 所示，T_1 低于 T_0，这种现象称为过冷。理论结晶温度 T_0 与实际结晶温度 T_1 之差 ΔT 称为过冷度。金属结晶时，过冷度的大小与冷却速度有关，冷却速度越大，过冷度就越大，金属的实际结晶温度就越低。

二、纯金属的结晶过程

纯金属的结晶过程发生在冷却曲线上"平台"所经历的这段时间。液态金属结晶时，都是首先在液态中出现一些微小的晶体——晶核，它不断长大，同时新的晶核又不断产生并继续长大，直至液态金属全部消失为止，如图 2-4 所示。因此金属的结晶包括晶核的形成和晶核的长大两个基本过程，并且这两个过程是同时进行的。

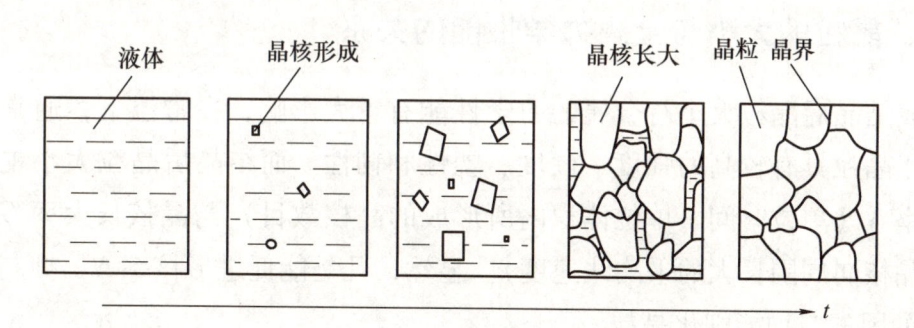

图 2-4 金属的结晶过程示意图

1. 晶核的形成

液态金属内部的原子并不是完全无规则排列的，往往局部存在规则排列的原子团，它们时聚时散。当液态金属冷却至结晶温度以下时，原子团便成为晶核。这种由液态金属内部自发形成结晶核心的过程称为自发形核。结晶也可以依附于液体中的杂质或型壁而进行，晶核形成时具有择优取向，这种形核方式称为非自发形核。自发形核和非自发形核在金属结晶时是同时进行的，但非自发形核常起优先和主导作用。

2. 晶核的长大

晶核形成后，当过冷度较大或金属中存在杂质时，金属晶体常以树枝状的形式长大。在晶核形成初期，外形一般比较规则，但随着晶核的长大，形成了晶体的顶角和棱边，此处散热条件优于其他部位，因此在顶角和棱边处以较大的成长速度形成枝干。同理，在枝干的长大过程中，又会不断生出分支，最后填满枝干的空间，结果形成树枝状晶体，简称枝晶（图2-5）。

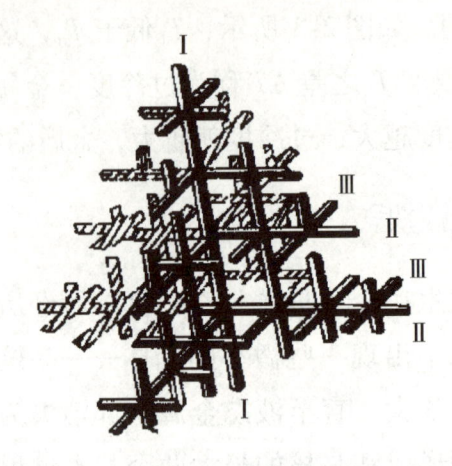

图2-5　枝晶的形成

三、晶粒的大小与金属力学性能的关系

金属结晶后晶粒大小对金属的力学性能有重大影响，在常温下，通常细晶粒相比于粗晶粒具有较高的强度、硬度、塑性和韧性。而结晶后晶粒大小主要取决于形核率 N（单位时间、单位体积内所形成的晶核数目）与晶核长大率 G（单位时间内晶核向周围长大的平均线速度）。显然，凡是能促进形核率 N、抑制晶核长大率 G 的因素，均能细化晶粒。

生产中，通常用以下方法来细化晶粒。

1. 增大过冷度

形核率和晶核长大率都随过冷度增大而增大，但在很大范围内形核率比晶核长大率增长得更快。如图2-6所示，结晶时增大过冷度 ΔT 会使金属结晶后晶粒变细。实际生产中常常采用降低铸型温度和采用热导率较大的金属铸型来提高冷却速度。这对于大型零件显然不易办到，因此这种方法只适用于中、小型铸件。

2. 变质处理

变质处理就是在液态金属结晶前加入一些细小、难熔的变质剂（孕育剂），起附加晶核的作用，使结晶时形核率 N 增加，而晶核长大率 G 降低，可显著细化晶粒，如向钢液中加入铝、钒、硼等。

3. 附加振动

金属结晶时，利用机械振动、超声波振动、电磁振动等方法，既能增加结晶

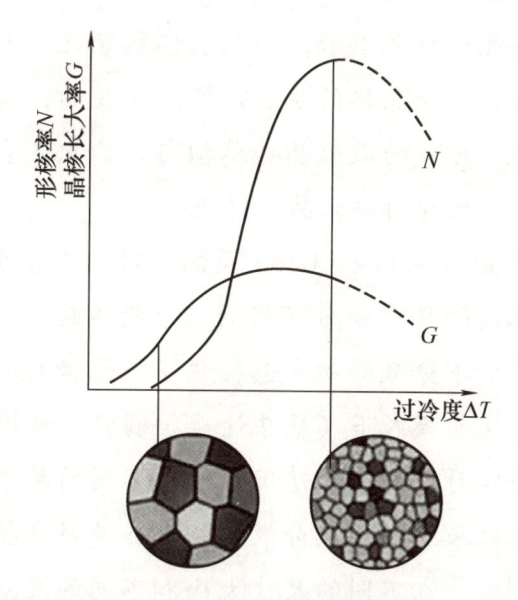

图 2-6　过冷度对晶粒细化的影响

动力，又能使正在生长的枝晶熔断成碎晶，间接增加形核率，从而细化晶粒。

材海史话

纳米结晶学的研究进展

尽管人们研究结晶学已经有超过一千年的历史了，但是人们对结晶的具体过程仍旧不是很清楚，特别是从分子前体到几十个纳米的区域，尤其是晶体的成核过程，由于临界晶核太小，形核率较大，因此很难对临界晶核进行捕获并对晶体的成核过程进行观测。

早在20世纪80年代，Sugimoto等人对在微米尺寸范围内合成单分散的微米晶进行过一些理论的研究，把晶体的成核与生长过程分为三个阶段：首先，当前体的浓度超过晶体在溶剂中的饱和浓度时而成核，即成核阶段；成核消耗掉大量的前体，但是这时前体的浓度仍高于晶体在溶剂中的饱和浓度，这些过量的前体将在临界晶核上生长，从而使纳米晶的尺寸不断长大，即生长阶段；由于纳米晶的不断生长，当反应前体被耗尽的时候，由于小的纳米晶的溶解度大于大的纳米晶的溶解度，小的纳米晶将逐渐溶解，作为反应前体被大的纳米晶消耗掉，从而造成纳米晶的尺寸分布变宽，即奥氏熟化过程。同时指出，要合成单分散的微米晶，最好在扩散控制下合成，此外还要求快速成核与满成长（成核阶段与生长阶段尽量分离），尽量避免奥氏熟化。在扩散控制下生长是因为小的晶体比大的晶体生长速率更快，只要生长期足够长，小的晶体总能赶上大的晶体。如果在反应速率控制下生长，大晶体与小晶体的生长速率是一致的，晶体的尺寸分布很难聚焦。同时，成核期越短，合成的微米晶也越均匀。尽管这些理论是在研究微米晶的时候获得的，但是有些理论对纳米晶同样适用。

最近，Talapin等人通过Monte-Carlo模拟表明：纳米晶表面与溶剂间的界面张力大小对合成的纳米晶的尺寸分布有影响，一般界面张力越大，合成的纳米晶尺寸分布越窄，这为合成单分散的纳米晶提供了一条很好的指导思路。此外，该小组还模拟了在不同的生长模式下（反应速率控制盒扩散控制）以及不同的反应前体浓度下，尺寸分布随时间的变化情况，以及不同的尺寸分布和尺寸在奥氏熟化时的变化情况。模拟结果表明，单分散的纳米晶最好在扩散控制下合成，同时也要避免奥氏熟化的到来。在不同的尺寸大小和不同的尺寸分布下，在奥氏熟化下的变化趋势也不一定相同，如在1~5nm的范围内，奥氏熟化可能导致尺寸分布变窄而不是宽化。同时过大的尺寸分布由于奥氏熟化也可能变窄。尽管这些结果是由模拟获得的，但是对合成纳米晶仍有一些指导意义。

实践训练

一、选择题

（　　）不是细化晶粒的方法。

A. 增大过冷度　B. 增大形核率　C. 增大晶核长大率　D. 增加变质剂

二、填空题

1. 金属的结晶过程包括_____和_____两个基本过程。
2. 金属实际结晶温度总是低于理论结晶温度的现象称为_____。

三、简述题

1. 什么是过冷度？影响过冷度的主要因素是什么？
2. 如果其他条件相同，试比较下列铸造条件下铸件的晶粒大小。
1）金属型铸造与砂型铸造。
2）壁厚较大的工件表面部分与中心部分。
3）薄壁件的铸造与厚壁件的铸造。
4）浇注时采用振动与不采用振动。

第三节　铁碳合金相图

课堂思考：

1. 化学药品可以溶合，请思考金属元素可以溶合吗？
2. 如何分析合金的内部组织呢？

纯金属虽然具有优良的导电、导热等性能，但它的力学性能较差，并且价格昂贵，因此在使用上受到很大限制。合金是机械制造领域中广泛使用的金属材料，如钢和铸铁等。

一、合金的基本概念

1. 合金

一种金属元素与其他金属元素或非金属元素，经熔炼、烧结或其他工艺方法结合成具有金属特性的物质。例如，黄铜就是纯铜和锌组成的铜锌合金。

2. 组元

组成合金的最基本的独立物质称为组元，简称元。例如，纯铜和锌是黄铜的组元。组元可以是金属元素或非金属元素，也可以是金属化合物。由两个组元组成的合金称为二元合金，三个组元组成的合金称为三元合金。

3. 相

合金中具有同一聚集状态、同一结构和性质的均匀组成部分称为相。例如，液态物质称为液相，固态物质称为固相；同样是固相，有时物质是单相的，而有时是多相的。

4. 组织

用肉眼或借助显微镜观察到材料具有独特微观形貌特征的部分称为组织，如图2-7所示。组织反映材料的组成、相形态、大小和分布状况，因此组织是决定材料最终性能的关键。在研究合金时通常用金相方法对组织加以鉴别。

合金与纯金属比较，具有如下一系列优越性。

1) 通过调整成分，可在相当大范围内改善材料的使用性能和工艺性能，从而满足各种不同的需求。

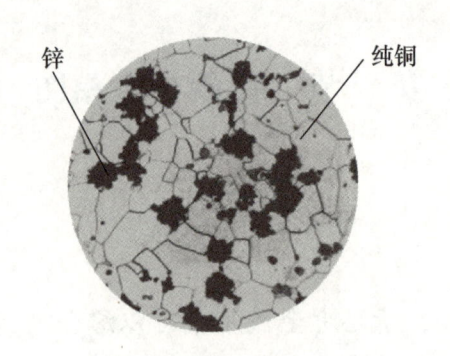

图 2-7　黄铜 H62 显微组织

2）改变成分可获得具有特定物理性能和化学性能的材料，即功能材料。

3）多数情况下，合金价格比纯金属低，如碳素钢和铸铁比工业纯铁便宜，黄铜比纯铜经济等。

二、合金的组织

多数合金组元液态时能相互溶解，形成均匀液溶体。固态时由于各组分之间相互作用不同，形成不同的组织。通常固态时合金中形成固溶体、金属化合物和机械混合物三类组织。

1. 固溶体

合金由液态结晶为固态时，一组元溶解在另一组元中，形成均匀的相称为固溶体。固溶体中占主要地位的元素是溶剂，而被溶解的元素是溶质。固溶体的晶格类型保持着溶剂的晶格类型。

根据溶质原子在溶剂中所占位置的不同，固溶体可分为置换固溶体和间隙固溶体两种。

（1）置换固溶体　溶质原子代替溶剂原子占据溶剂晶格中的某些结点位置而形成的固溶体，称为置换固溶体，如图 2-8a、b 所示。

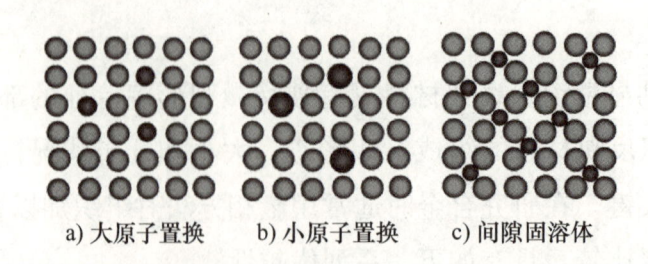

a) 大原子置换　　b) 小原子置换　　c) 间隙固溶体

图 2-8　固溶体的类型

溶质原子溶入溶剂原子的量称为固溶体的溶解度，通常用质量百分数或原子百分数表示。按固溶体溶解度不同，置换固溶体可分为有限固溶体和无限固溶体两类。

（2）间隙固溶体　溶质原子溶入溶剂晶格中而形成的固溶体，称为间隙固溶体，如图 2-8c 所示。由于晶格间隙通常都很小，所以都是由原子半径较小的非金属元素（如碳、氮、氢、硼、氧等）溶入过渡族金属中，形成间隙固溶体。

（3）固溶强化　无论是置换固溶体还是间隙固溶体，溶质原子的溶入，都会使点阵发生畸变，同时晶体的晶格数也要发生变化，原子尺寸相差越大，畸变也越大。畸变的存在使位错运动阻力增大，从而提高了合金的强度和硬度，但其塑性下降，这种现象称为固溶强化。固溶强化是提高金属材料力学性能的重要途径之一。

2. 金属化合物

（1）金属化合物的定义　合金组元间发生相互作用而形成一种具有金属特性的物质称为金属化合物，其晶格类型和性能不同于其中任一组元，一般可用化学分子式表示，如铁碳合金中的 Fe_3C。

（2）弥散强化　金属化合物具有复杂的晶体结构，熔点较高，硬度高，而脆性大。当它呈现细小颗粒均匀分布在固溶基体上时，合金的强度、硬度及耐磨性明显提高，这一现象称为弥散强化。因此金属化合物在合金中常作为强化相存在，它是许多合金钢、废铁金属和硬质合金的重要组成相。

3. 机械混合物

两种或两种以上的相按一定质量百分数组合成的物质称为机械混合物。机械混合物中各组成相仍保持各自的晶格，彼此无交互作用，其性能主要取决于各组成相的性能以及相的分布状态。

工程上使用的大多数合金的组织都是固溶体与少量金属化合物组成的机械混合物。通过调整固溶体中溶质含量和金属化合物的数量、大小、形态和分布情况，可以使合金的力学性能在较大范围变化，从而满足工程上的多种需求。

三、铁碳合金相图

合金的结晶也是在过冷条件下形成晶核和晶核长大的过程，但由于合金成分中会有两个及两个以上的组元，所以其结晶过程比纯金属要复杂得多。合金相图是用图解的方法表明在平衡条件下，合金的组成相和温度、成分之间关系，又称为合金状态图或合金平衡图，是进行金相分析，制订铸造、锻压、焊接、热处理等加工工艺的重要依据。应用合金相图，可清晰了解合金在缓慢加热或冷却过程中的组织转变规律。

铁碳合金是以铁和碳为组元的合金，它是目前工业中应用最为广泛的金属材料之一。若要熟悉并合理地选择铁碳合金，就必须了解铁碳合金的成分、组织和性能之间的关系。而铁碳合金相图正是研究这一问题的重要工具。

1. 纯铁的同素异构转变

自然界中大多数金属结晶后晶格类型都不再变化，但少数金属，如铁、锰、钴等，结晶后随着温度或压力的变化，晶格会有所不同。金属的这种在固态下晶格类型随温度（或压力）变化的特征称为同素异构转变。

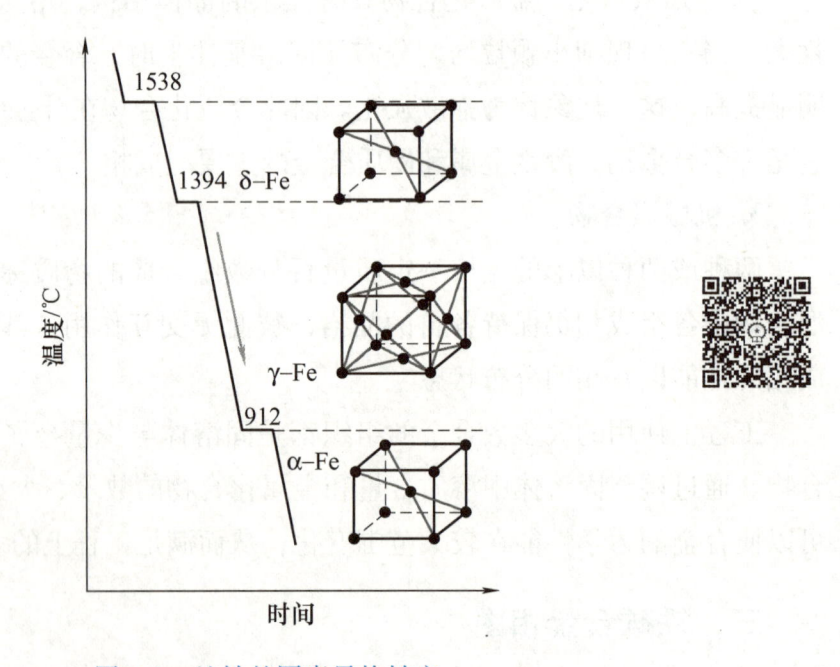

纯铁的同素异构转变过程在冷却曲线上可以看出（图2-9），液态纯铁在结晶后形成体心立方晶格的 δ-Fe；当冷却到1394℃时，发生同素异构转变，由体心立方晶格的 δ-Fe 转变为面心立方晶格的 γ-Fe；再冷却到912℃时，原子排列方式又由面心立方晶格转变为体心立方晶格 α-Fe。可概括如下

$$L \xrightleftharpoons{1538℃} \delta\text{-Fe} \xrightleftharpoons{1394℃} \gamma\text{-Fe} \xrightleftharpoons{912℃} \alpha\text{-Fe}$$

图 2-9　纯铁的同素异构转变

纯铁在发生同素异构转变时，晶格结构发生变化，体积也随之改变，这是加工过程中产生内应力的主要原因，也是钢铁材料能够通过热处理改善性能的重要依据。

2. 铁碳合金的基本组织

含有质量分数为 0.10% ~ 0.20% 杂质的铁碳合金称为工业纯铁，工业纯铁虽然塑性、导磁性良好，但强度不高，不适宜制作结构零件。为了提高工业纯铁的强度、硬度，常在工业纯铁中加入少量碳元素，由于铁和碳的交互作用，可形成表 2-4 中五种铁碳合金基本组织：铁素体、奥氏体、渗碳体、珠光体和莱氏体。

表 2-4 铁碳合金基本组织

基本组织	符号	组织特征	晶体结构	碳的质量分数（%）	力学性能
铁素体	F	碳溶入 α-Fe 中形成的间隙固溶体	体心立方晶格	0.0218	塑性、韧性较好，强度、硬度较低
奥氏体	A	碳溶入 γ-Fe 中形成的间隙固溶体	面心立方晶格	2.11	硬度较低、塑性较高，适用于锻造
渗碳体	Fe_3C	铁和碳形成的金属化合物	复杂结构的间隙化合物	6.69	硬度很高，塑性和韧性几乎为零
珠光体	P	铁素体和渗碳体组成的机械混合物	共析反应的产物	0.77	力学性能介于铁素体和渗碳体之间
莱氏体	Ld	奥氏体与渗碳体组成的机械混合物	共晶反应的产物	4.3	硬度较高，塑性、韧性极差

3. 铁碳合金相图

铁碳合金相图是在缓慢冷却的条件下，表明铁碳合金成分、温度、组织变化规律的简明图解，它也是选择材料和制订有关热加工工艺时的重要依据。

由于 $w_C>6.69\%$ 的铁碳合金脆性极大，在工业生产中没有使用价值，所以只研究 $w_C<6.69\%$ 的部分，$w_C=6.69\%$ 对应的正好全部是渗碳体，把它看作一个组元，即实际研究铁碳相图的 $Fe-Fe_3C$ 相图。$Fe-Fe_3C$ 相图左上部分实用意义不大，为了便于研究、分析，将其简化，便得到了简化的 $Fe-Fe_3C$ 相图，如

图 2-10 所示。

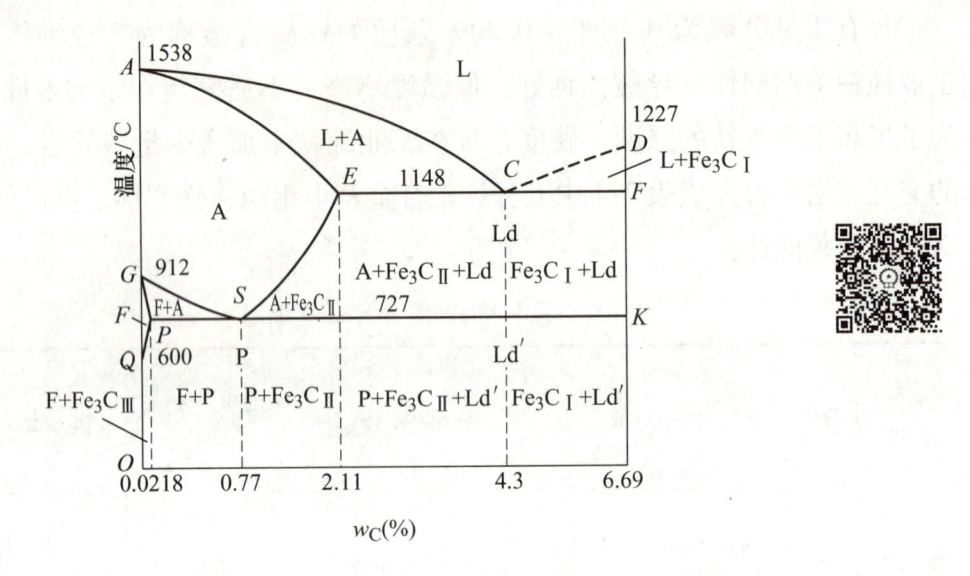

图 2-10 简化的 Fe－Fe₃C 相图

4. 铁碳合金的分类

按碳的质量分数和显微组织的不同，铁碳合金相图中的合金可分成工业纯铁、钢和白口铸铁三大类。铁碳合金分类见表 2-5。

表 2-5 铁碳合金分类

分 类	名 称	碳的质量分数（％）	室 温 组 织	布氏硬度 HBW
工业纯铁	工业纯铁	≤0.0218	F + Fe₃C_Ⅲ	50 ~ 80
钢	亚共析钢	0.0218 ~ 0.77	F + P	140（44% F + 56% P）
钢	共析钢	0.77	P	180（100% P）
钢	过共析钢	0.77 ~ 2.11	P + Fe₃C_Ⅱ	260（93% P + 7% Fe₃C_Ⅱ）
白口铸铁	亚共晶白口铸铁	2.11 ~ 4.3	P + Fe₃C_Ⅱ + Ld′	
白口铸铁	共晶白口铸铁	4.3	Ld′	
白口铸铁	过共晶白口铸铁	4.3 ~ 6.69	Fe₃C_Ⅰ + Ld′	

5. 典型铁碳合金结晶过程分析

依据成分垂线与相线相交的情况，分析几种典型铁碳合金结晶过程中组织转变规律。典型铁碳合金的结晶过程及其组织见表 2-6。

表2-6 典型铁碳合金的结晶过程及其组织

铁碳合金	碳的质量分数（%）	结晶过程分析	室温组织
工业纯铁	≤0.0218	1以上；1～2点；2～3点；3～4点：$L \to L+\delta \to \delta \to \delta + A \to$ 4～5点；5～6点；6～7点；7点以下：$A \to A+F \to F \to F+Fe_3C_{III}$	$F + Fe_3C_{III}$
亚共析钢	0.0218～0.77	$L \to L+A \to A \to A+F \to F+P$	$F + P$
共析钢	0.77	$L \to L+A \to A \to P$	P
过共析钢	0.77～2.11	$L \to L+A \to A \to A+Fe_3C_{II} \to P+Fe_3C_{II}$	$P + Fe_3C_{II}$
亚共晶白口铸铁	2.11～4.3	$L \to L+A \to A+Fe_3C_{II}+Ld' \to P+Fe_3C_{II}+Ld'$	$P + Fe_3C_{II} + Ld'$
共晶白口铸铁	4.3	$L \to Ld \to Ld'$	Ld'
过共晶白口铸铁	4.3～6.69	$L \to L+Fe_3C_I \to Fe_3C_I + Ld \to Fe_3C_I + Ld'$	$Fe_3C_I + Ld'$

6. 铁碳合金相图分析

1) Fe－Fe$_3$C 相图中典型点的含义见表 2-7。

表 2-7　Fe－Fe$_3$C 相图中典型点的含义

符　号	温度/℃	碳的质量分数（%）	说　明
A	1538	0	纯铁的熔点
C	1148	4.3	共晶点
D	1227	6.69	渗碳体的熔点
E	1148	2.11	碳在 γ－Fe 中的最大溶解度
G	912	0	纯铁的同素异构转变点，γ－Fe ⇌ α－Fe
P	727	0.0218	碳在 α－Fe 中的最大溶解度
S	727	0.77	共析点，A ⇌ F＋Fe$_3$C

应指出，Fe－Fe$_3$C 相图中特性的数据随着被测试材料纯度的提高和测试技术的进步而趋于精确，因此不同资料中的数据会有所出入。

2) Fe－Fe$_3$C 相图中特性线的意义见表 2-8。

表 2-8　Fe－Fe$_3$C 相图中特性线的意义

特性线	含　义
ACD	液相线
AECF	固相线
GS	常称 A_3 线。冷却时，不同含量的奥氏体中结晶铁素体的开始线
ES	常称 A_{cm} 线。碳在奥氏体中的固溶线
ECF	共晶线，也称 Lc 线
PSK	共析线，也称 A_1 线

相图中出现 Fe$_3$C$_I$、Fe$_3$C$_{II}$、Fe$_3$C$_{III}$ 的碳的质量分数、共晶结构和自身性能均相同、主要区别是形成条件不同，分布形态各异，所以对铁碳合金性能的影响也不同。

> **阅读材料**

铁碳合金相图口诀

合金相图很重要，各个国家都同标。
温度成分建坐标，铁碳二元要记牢。
三平三垂标特点，九星闪耀五弧交。
共晶共析液固线，十二面里组织标。
基本组织先标好，相间组织共逍遥。
点线标注都一样，成分温度微量变。
铁碳相图很关键，海上二雁紧相连。
二雁背负单相区，雁翅均为析出线。
海面展于三相区，上晶下析莫混乱。
晶析组织海岸找，图文牢记在心间。
分析成分断组织，锻造处理离不了。

四、碳的质量分数的影响和铁碳合金相图的应用

1. 碳的质量分数对铁碳合金组织和力学性能的影响规律

（1）碳的质量分数对平衡组织的影响　铁碳合金在室温的组织都是由铁素体和渗碳体组成的，随着碳的质量分数的增加，铁素体不断减少，而渗碳体逐渐增加，并且由于形成条件不同，渗碳体的形态分布有所变化。

室温下随着碳的质量分数增加，铁碳合金平衡组织的变化规律如下

$$L \to F + P \to P \to P + Fe_3C_{II} \to P + Fe_3C_{II} + Ld' \to Ld' \to Fe_3C_{I} + Ld'$$

（2）碳的质量分数对力学性能的影响　如图2-11所示，随着钢中碳的质量分数增加，钢的强度、硬度升高，而塑性和韧性下降，这是由于组织中渗碳体量不断增加，铁素体量不断减少的缘故。但当 $w_C = 0.9\%$ 时，由于网状二次渗碳体的存在，强度明显下降。工业上使用的钢，其 w_C 一般不超过 1.4%；而 w_C 超过 2.11% 的白口铸铁，组织中大量存在渗碳体，使性能硬而脆，难以切削加工，一般以铸态使用。

2. 铁碳合金相图的应用

铁碳合金相图是分析钢铁材料平衡组织和制订钢铁材料各种热加工工艺的基

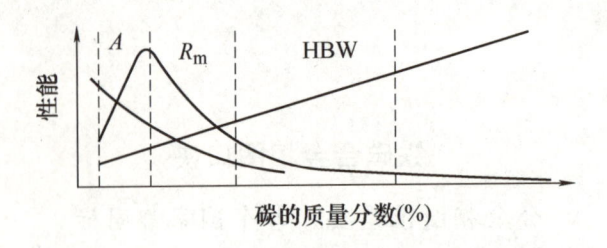

图 2-11 碳的质量分数对碳钢力学性能的影响

础性资料,在生产实践中具有重大的现实意义,可表现在以下几方面。

1) 相图可以作为选材的主要依据。相图表明了钢铁材料成分、组织的变化规律,据此可判断出力学性能变化特点,从而为选材提供可靠的依据。在设计与生产制造中,通常根据零件或构件的使用性能要求来选择材料。工程结构件和各种型钢需具有良好的塑性、韧性和焊接性,应选用低碳钢;各种机械零件需具有综合的强度、塑性及韧性,应选用碳含量适中的中碳钢;各种工具需具有高的硬度和良好的耐磨性,应选用高碳钢;要求耐磨、不受冲击、形状复杂的铸件如拔丝模、冷轧辊、货车轮、犁铧、球磨机的磨球等应选用硬度高、脆性大,但其耐磨性好、铸造性能优良的白口铸铁;电磁铁的铁心等需用磁导率高、矫顽力低的软磁材料,应选用强度低、不宜用作结构材料的纯铁。

2) 铸造生产中,铁碳合金相图可估算碳素钢材料的浇注温度,一般在液相线以上 50~100℃;由铁碳合金相图可知,共晶成分的合金结晶温度最低,结晶区间最小,流动性好,体积收缩小,易获得组织致密的铸件,所以通常选择共晶成分的合金作为铸造合金。

3) 在锻造和热轧工艺上,铁碳合金相图可作为确定钢的锻造温度范围的依据。如图 2-12 所示,通常把钢加热到奥氏体单相区,塑性好,变形抗力小,易于成形。一般始锻温度控制在固相线以下 100~200℃ 范围内,而终锻温度亚共析钢控制在 GS 线以上;过共析钢应在稍高于 PSK 线以上。

4) 在焊接工艺中,焊缝及周围热影响区受到不同程度的加热和冷却,组织和性能会发生变化,铁碳合金相图可作为研究变化规律的理论依据。

5) 热处理工艺中,铁碳合金相图是制订各种热处理工艺加热温度的重要依据,这一问题后续章节中会专门讨论。

3. 铁碳合金相图的局限性

铁碳合金相图尽管应用广泛,但仍有一些局限性,主要表现在以下几个方面。

1) 铁碳合金相图只反映了平衡条件下组织转变规律(缓慢加热或缓慢冷

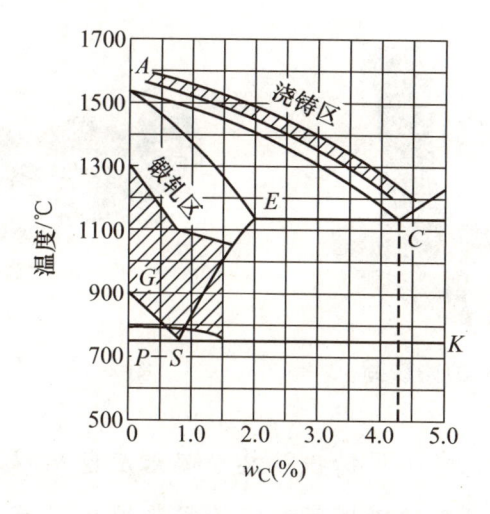

图 2-12　铁碳合金相图与锻造工艺的关系

却),却没有体现出时间的作用,因此在实际生产中,冷却速度较快时不能用此相图分析问题。

2)铁碳合金相图只反映出了二元合金中相平衡的关系,若钢中有其他合金元素,其平衡关系会发生变化。

3)铁碳合金相图不能反映实际组织状态,它只给出了相的成分和相对量的信息,不能给出形状、大小、分布等特征。

材海史话

铸铁——中国人的发明

铸铁即生铁,是中国人的发明。

在早期人类的发展历史中,硬度是工具的第一性质。如果采用维氏硬度 HV 进行表征,纯铜的硬度小于 HV100,青铜的硬度可达 HV300~600,而铸铁的硬度则可达 HV800 以上。因此,铸铁是一种有史以来最硬的人造材料。

铸铁工具的制造工序简单,它是由铁矿石熔炼得到铁液,铁液再经冷却,直接铸造即成实用农具或兵器。加之我国各地铁矿资源丰富,所以铸铁成本很低。当前考古学界认为,我国开始使用铁的时间不会晚于公元前 7 世纪。图 2-13 所示为出土的战国时期的铸铁锄,说明当时铁的铸造水平已经很高了。但战国时期冶铁文物的发现相对较少,而从冶铁遗址可以看到,我国西汉时期政府在各地设置铁官,铸铁农具已开始大量使用。图 2-14 所示为汉代的铁锄范。

图 2-13　战国铸铁锄　　　　　　图 2-14　汉代铁锄范

那么为什么是我国先发明了铸铁？总结起来应包括以下几方面原因：①我国有最高水平的制陶业，很早就懂得了炉窑的气氛性质（有氧化性的、还原性的），可以根据需要控制炉窑气氛；②自夏至西周，中国有连续 1500 年高度发达的冶铜业，在提高炉温技术方面中国能做到最高，冶炼液态铁创造了当时可能达到的最高温度，即 1200℃ 以上；③铸铁技术的关键还在于把铁矿石与木炭放在一起冶炼，铁的熔点为 1538℃，溶碳以后熔点大幅降低，最低可达 1148℃，这在当时是可以实现的温度；④中国在春秋年间已经有了竖炉，并掌握了向炉内鼓风的技术和经验。图 2-15 所示为春秋战国时期湖北铜绿山竖炉，说明了早在春秋年间我国已经创造了竖炉冶炼液态高碳生铁的技术，借助燃料碳的帮助，实现了铁的熔化。这是一个了不起的创造，2000 年后这种可以连续生产高碳铁液的方法才在欧洲出现。

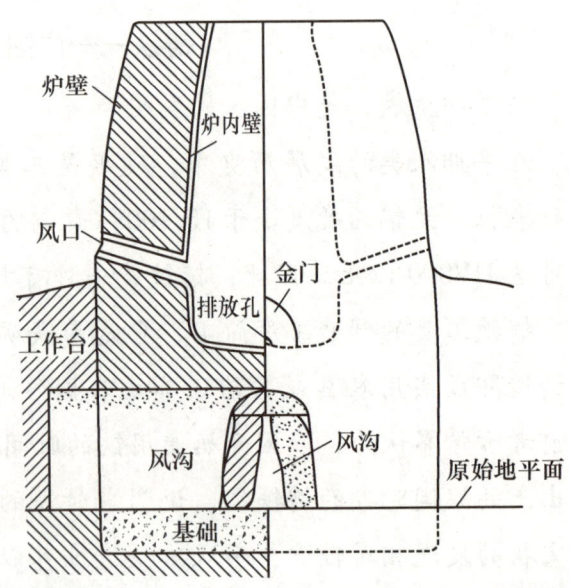

图 2-15　春秋战国时期湖北铜绿山竖炉

生铁质脆但廉价。在《管子》（春秋齐相管仲著）中，称生铁为"恶金"，只能用于农具；称青铜为"美金"，适于制兵器。这反映出早期连续生产的铸铁性能不能令人满意。根据近年北京科技大学冶金与材料研究所学者们的研究，春秋初年山西的残铁片碳的质量分数超过4.5%，其组织为过共晶白口铁，从现代材料科学的角度证明了当时铸铁脆性的原因。

发明铸铁之后不久或几乎同时，我国的工匠们就开始了铸铁的改造之举。当时工匠能悟出碳含量与硬度、脆性之间的关系，但还不知道用什么办法可以控制竖炉铁水的碳的质量分数。在这种情况下，我国发明了控制铸铁性能的"柔化技术"，用今天的材料术语，即热处理退火工艺。在700~900℃进行长时间退火，之前白色板条状碳化物消失，转变为黑色小石墨球，这个过程在材料学称为球化退火，这样得到的铸铁称为石墨铸铁，或称为灰口铁。球化退火后，铸铁脆性降低，韧性提高，成为综合性能优于青铜而价格却低于青铜的产品。这是一个了不起的技术进步，直接带来了战国时期农业技术的进步。自此，铸铁一直广泛应用至今。

实践训练

一、选择题

1. 铁碳合金相图共析线指的是（　　）。

A. PSK B. ACD C. ECF D. AECF

2. 共析钢的碳的质量分数是（　　）。

A. 2.11%~4.3% B. 0.0218%~0.77%

C. 0.77% D. 4.3%~6.69%

二、填空题

1. 金属在固态下由于温度的改变而发生晶格类型转变的现象称为_____。纯铁在1538℃为_____晶格，冷却到1394℃转变为_____晶格，再冷却到912℃又转变为_____晶格。这也是金属材料能够进行热处理的重要依据。

2. 铁碳合金的基本组织有_____、_____、_____、_____、_____。

3. 碳的质量分数为0.2%、0.45%、0.77%的三种钢中，显微组织中力学性能强度最高的是_____，硬度最高的是_____，塑性最大的是_____。

三、简述题

1. 结合铁碳合金中渗碳体 Fe_3C 说明合金、组元、合金系、相及组织的概念。

2. 说一说铁碳合金相图的建立过程。

3. 根据铁碳合金相图，说明产生下列现象的原因。

1）在 1100℃，碳的质量分数为 0.4% 的碳素钢能进行锻造，碳的质量分数为 4.0% 的铸铁不能锻造。

2）钳工锯削 T10、T12 比锯削 10 钢、20 钢费力，锯条易磨钝。

3）钢铆钉一般用低碳钢制作，锉刀一般用高碳钢制作。

4）钢适宜采用压力加工成形，而铸铁只能采用铸造成形。

第四节 金属的塑性变形与再结晶

课堂思考：

日常生活中见到的"打铁"是如何将铁块打成器具的？

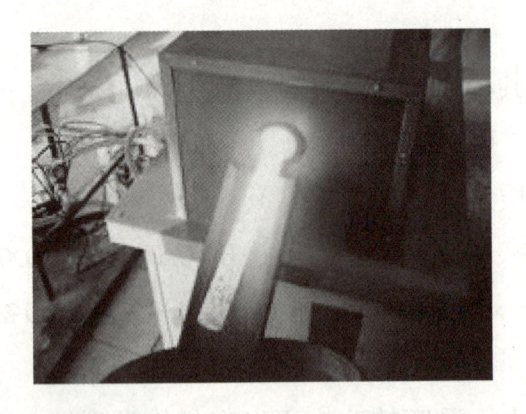

一、金属塑性变形的实质

金属在外力作用下首先要产生弹性变形，当外力增大到内应力超过材料的屈服强度时，就产生塑性变形。锻压成形加工需要利用塑性变形。

金属塑性变形是金属晶体每个晶粒内部的变形、晶粒间的相对移动和晶粒的转动的综合结果。单晶体的塑性变形主要通过滑移的形式来实现，即在切应力的作用下，晶体的一部分相对于另一部分沿着一定的晶面产生滑移，如

图 2-16 所示。

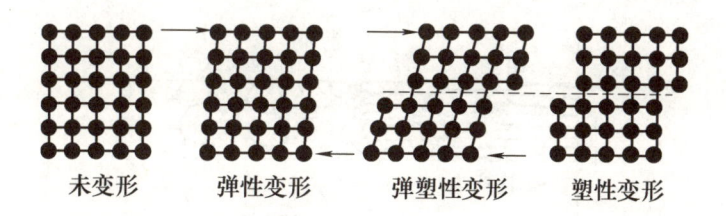

未变形　　弹性变形　　弹塑性变形　　塑性变形

图 2-16　单晶体滑移示意图

单晶的滑移是通过晶体内的位错运动来实现的，而不是沿着滑移面所有的原子同时做刚性移动的结果，所以滑移所需要的切应力比理论值低很多。位错运动引起塑性变形示意图如图 2-17 所示。

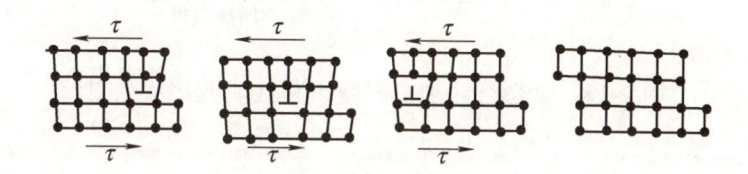

图 2-17　位错运动引起塑性变形示意图

二、回复与再结晶

1. 冷塑性变形后的组织变化

金属在常温下经塑性变形，其显微组织出现晶粒伸长、破碎、晶粒扭曲等特征，并伴随着内应力的产生。

2. 冷变形强化

金属在塑性变形过程中，随着变形程度的增加，强度和硬度提高而塑性和韧性下降的现象称为冷变形强化。

冷变形强化在生产中具有重要的意义，它是提高金属材料强度、硬度和耐磨性的重要手段之一，如冷拉高强度钢丝、冷卷弹簧、坦克履带、铁道道岔等。但冷变形强化后，塑性和韧性会进一步降低，给进一步变形带来了困难，甚至导致开裂和断裂。冷变形强化的材料各向异性，还会引起材料的不均匀变形。

3. 回复与再结晶

变形金属加热时组织和性能变化示意图如图 2-18 所示。冷变形强化是一种不稳定状态，具有恢复到稳定状态的趋势。当金属温度提高到一定温度时，原子热运动加剧，使不规则的原子排列变为规则排列，晶格扭曲消除，内应力大为减小，但晶粒的形状、大小和金属的强度、塑性变化不大,这种现象称为回复。

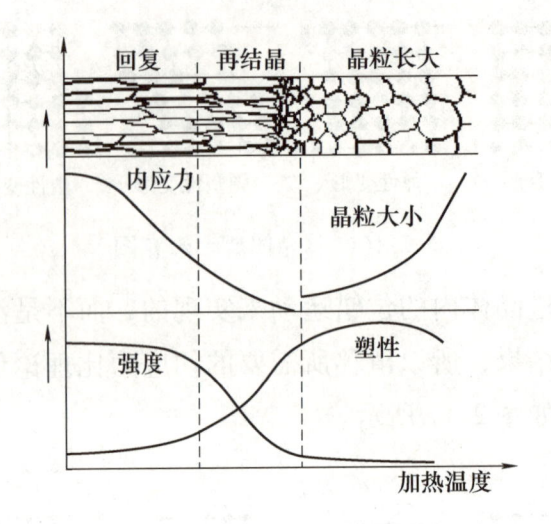

图 2-18　变形金属加热时组织和性能变化示意图

当温度继续升高,金属原子活动具有足够热运动力时,则开始生成以碎晶或杂质为核心结晶出新的晶粒,从而消除了冷变形强化现象,这个过程称为再结晶。金属开始再结晶的温度称为再结晶温度,一般为该金属熔点的 0.4 倍。

通过再结晶,金属的性能恢复到变形前的水平。在常温下对金属进行压力加工,常安排中间再结晶退火工序。在实际生产中为缩短生产周期,通常再结晶退火温度比再结晶温度高 100~200℃。

4. 晶粒长大

再结晶过程完成后,如果再延长加热时间或提高加热温度,则晶粒会明显长大。晶粒长大是一种自发的过程,通过大晶粒吞并小晶粒的迁移来实现。晶粒的长大,导致材料力学性能下降,使可锻性恶化,故应尽量避免。

晶粒长大主要受以下因素的影响。

(1) 加热温度和保温时间　温度越高,晶粒长大越快;保温时间越长,晶粒越粗大。

(2) 变形程度　变形程度很小时几乎不发生再结晶;当变形程度至 2%~10% 时,再结晶晶粒特别粗大(此变形程度称为临界变形度);超过临界变形度后,随变形量增大,再结晶晶粒细化;当变形程度超过 90% 以后,在某些金属中又会出现晶粒再次粗化的现象。

> 材海史话

古时称"打铁",现在叫"锻造"

工业革命之前,锻造是最普遍的金属加工工艺,例如马蹄铁、冷兵器、盔甲都由各国的铁匠手工锻造(俗称"打铁"),他们反复将金属加热锤击淬火,直到得到想要的形状。锻造是一种对金属坯料施加压力,使其产生塑性变形以获得具有一定力学性能、一定形状和尺寸锻件的加工方法。钢的开始再结晶的温度约为727℃,但普遍采用800℃作为划分线,高于800℃的锻造称为热锻,在300~800℃之间的称为温锻或半热锻,在室温下进行的称为冷锻。用于大多数行业的锻件都是热锻件;温锻和冷锻主要用于汽车、通用机械等零件的锻造,并且可以有效地节材。通过锻造能消除金属在冶炼过程中产生的铸态疏松等缺陷,能优化微观组织结构,力学性能一般优于同样材料的铸件。

打铁是一种原始的锻造工艺,盛行于20世纪70年代前的农村,主要用于锻打农耕的工具。一些小县城中也有为居民打造生活用具的。这种手工艺虽然原始,但很实用;虽然简单,但并不易学。随着现代科技的不断发展,打铁这个行业正在慢慢退出历史的舞台。

我国是发现和掌握炼铁技术最早的国家。传统打铁工具有铁匠炉、风匣、手锤、砧子、大锤、磨石等。打铁铺也称"铁匠铺",铺子中放个大火炉,炉边架一风箱,风箱一拉,风助火旺,炉膛内火苗直蹿。要锻打的铁器先在火炉中烧红,然后移到大铁墩上,由师傅掌主锤,下手握大锤进行锻打。上手经验丰富,右手握小锤,左手握铁钳,在锻打过程中,上手要凭目测不断翻动铁料,使之能将方铁打成圆铁棒或将粗铁棍打成细长铁棍。可以说,在老铁匠手中,坚硬的铁块变方、圆、长、扁、尖均可。铁器成品有与传统生产方式相配套的农具,如犁、耙、锄、镐、镰等;也有部分生活用品,如菜刀、锅铲、刨刀、剪刀等;此外还有如门环、泡钉、门插等。

一个好铁匠,不仅要有好的身体和吃苦耐劳的精神,更要粗中有细,不断地累积经验,这样才能将坚硬的铁块锻打成可用的器皿和工具。随着社会的发展与科技的进步,传统人力打造铁具的方式,已被锻造机器设备所代替。曾经铁匠铺、打铁匠是那么熟悉,可现在乡间已经很难见到了,但"打铁还需自身硬"的精神永远不过时。

> 实践训练

一、名词解释

1）冷变形强化。

2）回复。

3）再结晶。

二、简述题

简述金属产生塑性变形的实质。

第五节　钢的热处理技术

> 课堂思考：

1. 日常生活中磨刀的时候为什么中途要浇上一点水？
2. 材料的力学性能可以通过一定的技术方法改变吗？

钢的热处理是指将钢在固态下进行加热、保温和冷却，以改变其内部组织，从而获得所需要性能的一种工艺方法。

热处理的目的是显著提高钢的力学性能，发挥钢材的潜力，提高工件的使用性能及延长其寿命。常见的热处理工艺可分为两类：预备热处理和最终热处理。预备热处理用于消除毛坯、半成品中的某些缺陷，改善工艺性能，为后续冷加工和最终热处理做组织准备。最终热处理用于使工件获得所要求的性能。

随着工业和科学技术的发展，热处理将在改善和强化金属材料、提高产品质量、节省材料和提高经济效益等方面发挥更大的作用。

钢的热处理种类很多，根据加热和冷却方法不同，大致分为普通热处理和表面热处理，具体如下。

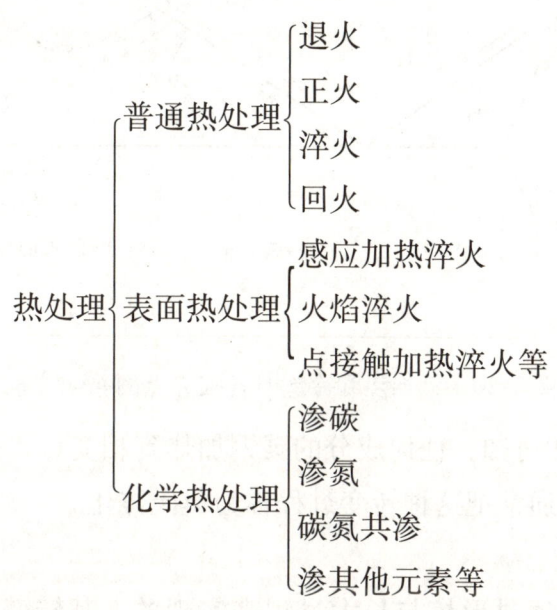

$$\text{热处理}\begin{cases}\text{普通热处理}\begin{cases}\text{退火}\\\text{正火}\\\text{淬火}\\\text{回火}\end{cases}\\\text{表面热处理}\begin{cases}\text{感应加热淬火}\\\text{火焰淬火}\\\text{点接触加热淬火等}\end{cases}\\\text{化学热处理}\begin{cases}\text{渗碳}\\\text{渗氮}\\\text{碳氮共渗}\\\text{渗其他元素等}\end{cases}\end{cases}$$

尽管钢的热处理种类很多，但基本的热处理工艺曲线一致，如图 2-19 所示。要了解各种热处理方法对钢的组织和性能的影响，必须研究钢在加热、保温、冷却过程中组织的转变规律。

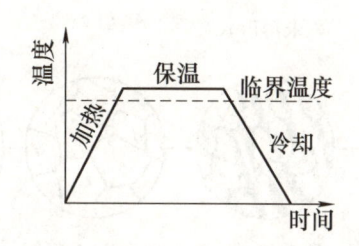

图 2-19 基本的热处理工艺曲线

一、钢在加热时的组织转变

在 $Fe-Fe_3C$ 相图中，共析钢加热超过 PSK 线时，其组织完全转变为奥氏体。亚共析钢和过共析钢必须加热到 GS 线和 ES 线以上才能全部转变为奥氏体。相图中的平衡临界点 A_1、A_3、A_{cm} 是在极缓慢的加热或冷却情况下测定的。但在实际生产中，加热和冷却并不是极其缓慢的。加热转变在平衡临界点以上进行，冷却转变在平衡临界点以下进行。加热和冷却速度越大，其偏离平衡临界点也越多。为了区别于平衡临界点，通常将实际加热时的各临界点标为 Ac_1、Ac_3、Ac_{cm}；实际冷却时的各临界点标为 Ar_1、Ar_3、Ar_{cm}，如图 2-20 所示。

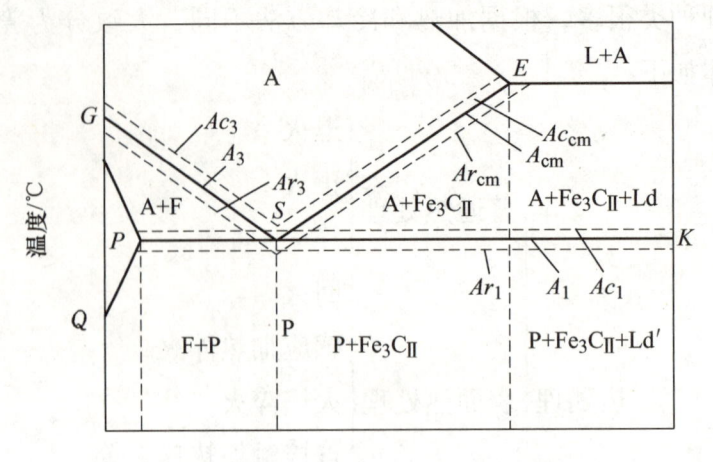

图 2-20　钢加热和冷却时各临界点的实际位置

由 Fe－Fe$_3$C 相图可知，任何成分的碳钢加热到相变点 Ac_1 以上都会发生珠光体向奥氏体的转变，通常把这种转变过程称为奥氏体化。

1. 奥氏体的形成

奥氏体的形成是通过形核与长大过程来实现的，其转变过程分为三个阶段，如图 2-21 所示。第一阶段是奥氏体的形核与长大，第二阶段的剩余渗碳体的溶解，第三阶段是奥氏体成分均匀化。

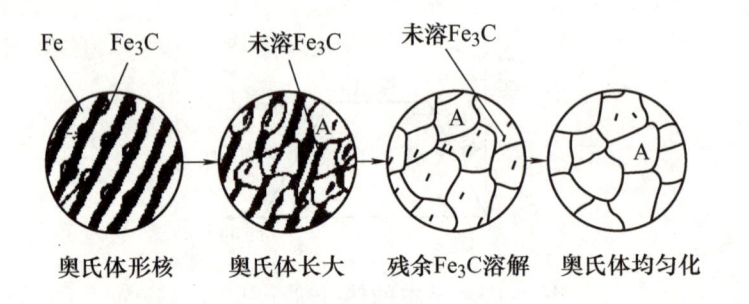

图 2-21　奥氏体的形成过程

亚共析钢和过共析钢的奥氏体形成过程与共析钢基本相同，不同之处在于亚共析钢、过共析钢在 Ac_1 稍上温度时，还分别有铁素体、二次渗碳体未变化。所以，它们的完全奥氏体化温度应分别为 Ac_3、Ac_{cm} 以上。

2. 奥氏体晶粒的长大及影响因素

钢在加热时，奥氏体的晶粒大小直接影响到热处理后钢的性能。加热时奥氏体晶粒细小，冷却后组织也细小；反之，组织则粗大。钢材晶粒细化，既能有效提高强度，又能明显提高塑性和韧性，这是其他强化方法所不及的。因此，在选用材料和热处理工艺上，如何获得细的奥氏体晶粒，对工件使用性能和质量都具有重要意义。

（1）奥氏体晶粒度　晶粒度是表示晶粒大小的一种量度。图 2-22 所示是表示两种钢随温度升高时，奥氏体晶粒长大倾向的示意图。由图可见，在 930~950℃以下加热细晶粒钢，晶粒长大倾向小，便于热处理。

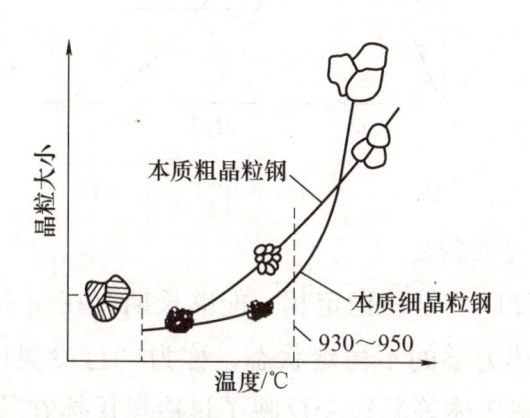

图 2-22　奥氏体晶粒长大倾向示意图

（2）影响奥氏体晶粒度的因素

1）加热温度和保温时间。在加热转变中，珠光体刚转变为奥氏体时的晶粒度，称为奥氏体起始晶粒度。奥氏体起始晶粒是很小的，随加热温度升高，奥氏体晶粒逐渐长大，晶界总面积减少而系统的能量降低。所以，在高温下保温时间越长，越有利于晶界总面积减少而导致晶粒粗大。

2）钢的成分。亚共析钢随奥氏体中碳的质量分数增加，奥氏体晶粒的长大倾向也增大。过共析钢中部分碳以渗碳体的形式存在，当奥氏体晶界上存在未溶的残余渗碳体时，有阻碍晶粒长大的作用。

钢加热后能形成稳定碳化物，并形成高熔点化合物存在于奥氏体晶界上，有阻碍奥氏体晶粒长大的作用，故在一定温度下晶粒不易长大。当温度超过一定值时，高熔点化合物溶入奥氏体后，奥氏体才突然长大。

锰和磷是促进奥氏体晶粒长大的元素，必须严格控制热处理时的加热温度，以免晶粒长大而导致工件的性能下降。

二、钢在冷却时的组织转变

冷却过程是热处理的关键工序，它决定着钢热处理后的组织与性能。在实际生产中，钢在热处理时采用的冷却方式通常有两种：一种是等温冷却，另一种是连续冷却，如图 2-23 所示。

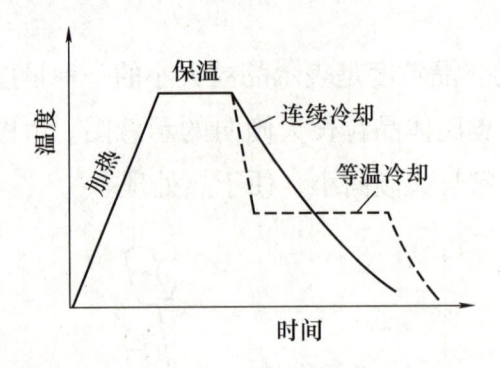

图 2-23 两种冷却方式示意图

1. 过冷奥氏体的等温转变

奥氏体在临界温度以上是一稳定相，能够长期存在而不转变。一旦冷却到临界温度以下，则处于热力学的不稳定状态，称为"过冷奥氏体"，它总是要转变为稳定的新相。过冷奥氏体等温转变反映了过冷奥氏体在等温冷却时组织转变的规律。

（1）过冷奥氏体的等温转变曲线　从图 2-24 可见：由过冷奥氏体开始转变点连接起来的曲线称为等温转变开始线；由转变终了点连接起来的曲线称为等温转变终了线。由于曲线形状颇似字母"C"故也称为"C"曲线图。图中 A_1 以下且等温转变开始线以左的区域为过冷奥氏体区；A_1 以下，等温转变终了线以右和 Ms 线以上的区域为转变产物区；在等温转变开始线与等温转变终了线之间的过渡区

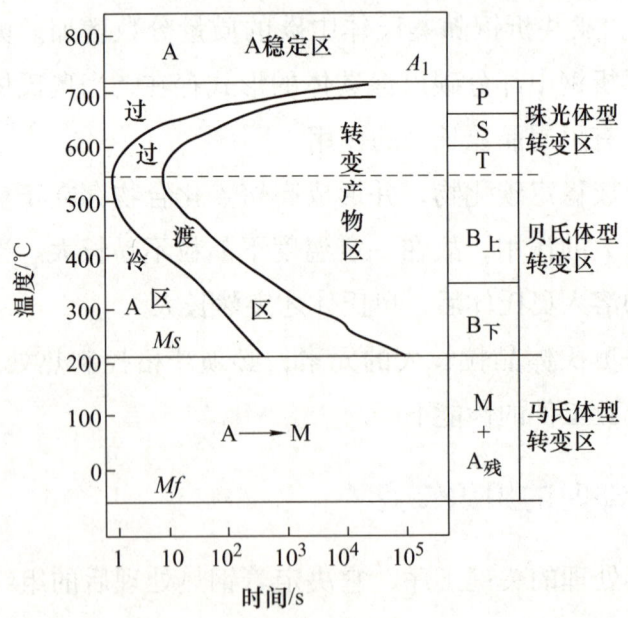

图 2-24　共析钢过冷奥氏体等温转变曲线

域为过冷奥氏体和转变产物共存区。Ms 线和 Mf 线是马氏体转变开始线和终了线。

过冷奥氏体在各个温度下的等温转变并非是瞬间就开始的，而是经过一段"孕育期"（即等温转变开始线和纵坐标的水平距离）。孕育期的长短反映了过冷奥氏体稳定性的大小。孕育期最短处，过冷奥氏体最不稳定，转变最快，这里被称为 C 曲线的"鼻尖"。在靠近 A_1 和 Ms 线的温度，孕育期较长，过冷奥氏体稳定性较大，转变速度也较慢。共析钢的奥氏体在 A_1 温度以下不同温度范围内会发生三种不同类型的转变，即珠光体转变、贝氏体转变和马氏体转变。

（2）过冷奥氏体等温转变产物的组织与性能　过冷奥氏体等温转变产物的组织特征、形成条件及力学性能见表 2-9。

表 2-9　过冷奥氏体等温转变产物的组织特征、形成条件及力学性能

类型	名称	符号	形成条件	组织特征	力学性能
珠光体转变（高温转变）	珠光体	P	650℃ ~ A_1	由铁素体和渗碳体组成（片间距 > 0.4μm），在光学显微镜下可见	强度、硬度、塑性、韧性一般
	细珠光体（索氏体）	S	600 ~ 650℃	由铁素体和渗碳体组成（片间距为 0.2 ~ 0.4μm），在高倍显微镜下可分辨出片层状特征	强度、硬度、塑性比珠光体好
	极细珠光体（托氏体）	T	550 ~ 600℃	由铁素体和渗碳体组成（片间距 < 0.4μm），在电子显微镜下可分辨出片层状结构	强度、硬度、塑性比索氏体好
贝氏体转变（中温转变）	上贝氏体	$B_上$	350 ~ 550℃	由过饱和铁素体和渗碳体组成，渗碳体分布在铁素体条间，脆性增大	强度低、塑性差、脆性大，基本无实用价值
	下贝氏体	$B_下$	Ms ~ 350℃	由过饱和铁素体和碳化物组成，碳化物分布在针状铁素体内	具有较高的强度和硬度，好的塑性和韧性
马氏体转变（低温转变）	马氏体	M	< Ms	由过饱和铁素体组成。有板条马氏体（w_C < 0.2%）和针状马氏体（w_C > 1.0%）	板条马氏体有较高的强度、硬度、塑性、韧性；针状马氏体塑性、韧性差

马氏体转变不属于等温转变,而是在极快的连续冷却过程中形成的。

(3) 亚共析钢与过共析钢的过冷奥氏体的等温转变　亚共析钢在过冷奥氏体转变为珠光体之前,首先析出先共析相铁素体,所以在 C 曲线上还有一条铁素体析出线,如图 2-25 所示。

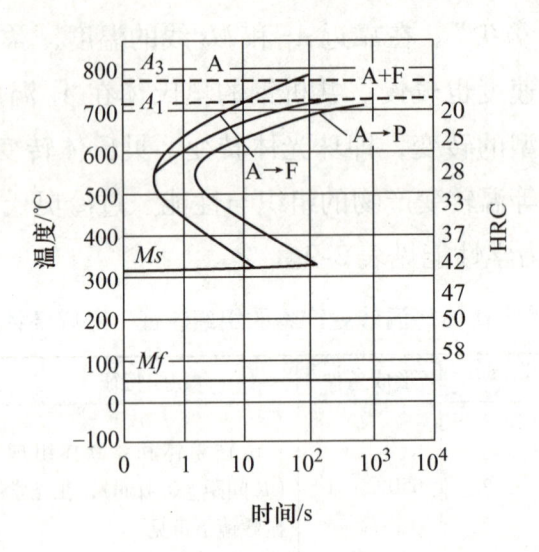

图 2-25　亚共析钢等温转变图

过共析钢在过冷奥氏体转变为珠光体之前,首先析出先共析相二次渗碳体,所以 C 曲线上还有一条二次渗碳体析出线,如图 2-26 所示。

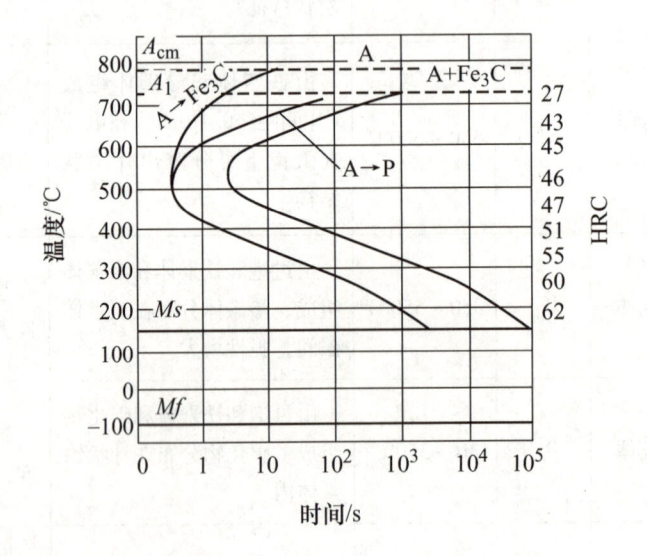

图 2-26　过共析钢等温转变图

2. 过冷奥氏体的连续冷却转变

(1) 连续冷却转变图　在实际生产中,过冷奥氏体大多是在连续冷却中转变的，这就需要测定和利用过冷奥氏体连续转变图。图 2-27 所示为共析钢连续冷却转变图，没有出现贝氏体转变区，即共析钢连续冷却时得不到贝氏体组织。连续冷却转变的组织和性能取决于冷却速度。采用炉冷或空冷时，转变可以在高温区完成，得到的组织为珠光体和索氏体。采用油冷时，过冷奥氏体在高温下只有一部分转变为托氏体，另一部分却要冷却到 Ms 线以下转变为马氏体组织，即得到托氏体和马氏体的混合组织。采用水冷时，因冷却速度很快，冷却曲线不能与转变开始线相交，不形成珠光体组织，过冷到 Ms 线以下转变成为马氏体组织。v_k 是奥氏体全部过冷到 Ms 线以下转变为马氏体的最小冷却速度，通常称为临界淬火冷却速度。

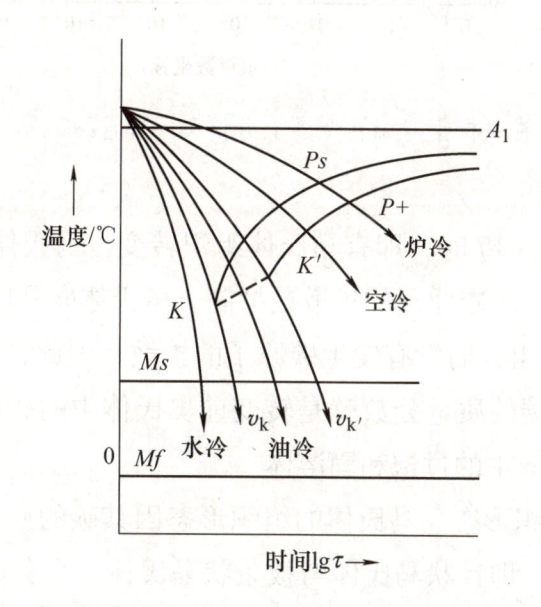

图 2-27　共析钢连续冷却转变图

（2）过冷奥氏体等温转变图在连续冷却中的应用　过冷奥氏体连续冷却转变图测定困难，目前生产中，还常应用过冷奥氏体等温转变图来近似地分析过冷奥氏体在连续冷却中的转变，如图 2-28 所示。v_1 冷却速度相当于炉冷，与等温转变图交于 650～700℃附近，可以判断发生的是珠光体转变，最终组织为珠光体，其硬度为 170～230HBW；v_2 冷却速度相当于空冷，在 600～650℃发生组织转变，可判断其转变产物是索氏体，硬度为 230～320HBW；v_3 冷却速度相当于油冷，一部分奥氏体转变为托氏体，其余奥氏体在 Ms 线以下转变为马氏体，最终产物为托氏体和马氏体，其硬度为 45～55HRC；v_4 冷却速度相当于水冷，冷却至 Ms 线以下转变为马氏体，其硬度为 55～65HRC。

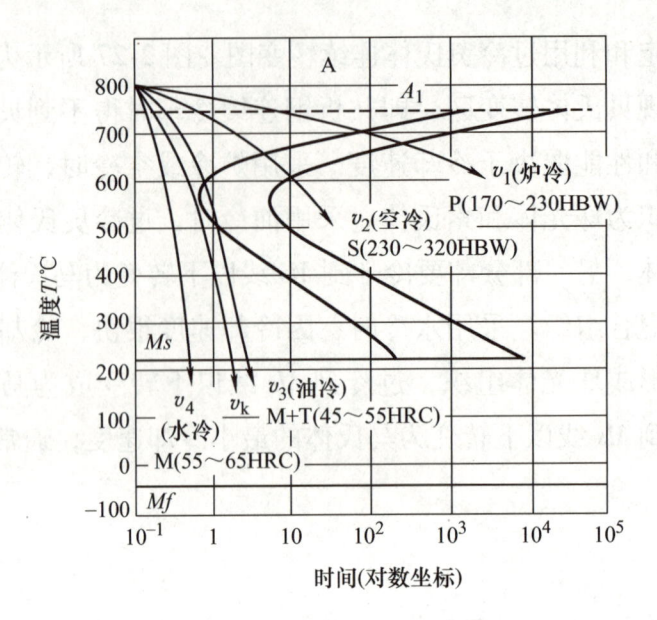

图 2-28　在共析钢等温转变图上分析奥氏体连续冷却转变产物

3. 马氏体转变

当转变温度在 $Ms \sim Mf$ 时，即有马氏体组织转变。马氏体的转变过冷度极大，转变温度很低，铁原子和碳原子的扩散被抑制，奥氏体向马氏体转变时只发生 γ-Fe 向 α-Fe 的晶格改组，而没有发生碳原子的扩散。因此，这种转变也称为非扩散型转变。马氏体的碳的质量分数就是转变前奥氏体中的碳的质量分数，则马氏体实质上是碳在 α-Fe 中的过饱和固溶体。

（1）马氏体的组织形态　马氏体的组织形态因其碳的质量分数 w_C 不同而异。通常有两种基本形态，即针状马氏体与板条状马氏体。当奥氏体中 $w_C < 0.2\%$ 时，形成板条状马氏体（低碳马氏体）；当 $w_C > 1.0\%$ 时，形成针状马氏体（高碳马氏体）。当 $0.2\% \leq w_C \leq 1\%$ 时，形成板条状马氏体 + 针状马氏体。

（2）马氏体的性能　马氏体的强度与硬度主要取决于马氏体中碳的质量分数。随着马氏体中碳的质量分数的增加，其强度与硬度也随之增加。马氏体强化的主要原因是过饱和碳原子引起的晶格畸变，即固溶强化。马氏体的塑性与韧性随碳的质量分数增高而急剧降低。板条状马氏体塑性、韧性相当好，是一种强韧性优良的组织。

一般钢中，马氏体转变是在不断降温（$Ms \sim Mf$）中进行的，而且转变具有不完全性特点，转变后总有部分残留奥氏体存在。钢的碳的质量分数越高，Ms、Mf 温度越低，淬火后残留奥氏体（A'）越多。随着碳的质量分数或合金元素（除 Co 外）增加，马氏体转变点不断降低，碳的质量分数大于 0.5% 的碳钢和许多合金

钢的 Mf 都在室温以下。如果将淬火工件冷却到室温后，又随即放到 Mf 温度以下的冷却介质中冷却（如干冰+酒精、液态氧等），残留奥氏体将继续向马氏体转变，这种热处理工艺称为冷处理。冷处理可达到提高硬度、耐磨性与稳定工件尺寸的目的。

三、钢的退火

退火与正火主要用于钢的预备热处理，其目的是为了消除和改善前一道工序（铸、锻、焊）所造成的某些组织缺陷及内应力，也为随后的切削加工及热处理做好组织和性能上准备。退火与正火除经常作为预备热处理工序外，对一般铸件、焊接件以及一些性能要求不高的工件，也可作为最终热处理。

1. 概念

退火是将钢加热到临界温度以上，保温一段时间，随炉缓慢冷却，以获得接近平衡组织的热处理工艺。

2. 目的

1）调整硬度，便于切削加工（适合加工的硬度为 170~250HBW）。
2）消除内应力，以减轻钢件在淬火时产生变形或开裂的倾向。
3）细化晶粒，改善组织，提高力学性能。
4）为最终热处理（淬火/回火）做好组织准备。

3. 分类及应用

退火的分类及应用见表 2-10。

表 2-10 退火的分类及应用

退火分类	目的	应用
完全退火	细化晶粒、消除应力、降低硬度，改善可加工性等	亚共析钢和合金钢
球化退火	使二次渗碳体及球光体中片状渗碳体球状化，从而降低硬度，改善可加工性	过共析钢和合金工具钢
等温退火	能得到更均匀的组织与硬度，而且显著缩短生产周期	共析钢、过共析钢和合金钢
均匀化退火	消除铸造结晶过程中产生的枝晶偏析，使成分均匀化，改善性能	产生枝晶偏析的合金铸锭
去应力退火	去除锻件、焊件、铸件及机加工工件的残留应力	锻件、焊件、铸件及机加工工件

四、钢的正火

1. 概念

将钢加热到 Ac_1 或 A_{cm} 以上 30～50℃，保温一定的时间，出炉后在空气中冷却的热处理工艺称为正火。

正火与退火的主要区别在于正火的冷却速度较快，过冷度较大，所以正火后所获得的组织比较细小，组织中珠光体的数量较多，因而强度、硬度及韧性比退火后的高。45 钢退火、正火状态的力学性能比较见表 2-11。

表 2-11　45 钢退火、正火状态的力学性能比较

状　态	抗拉强度/MPa	断后伸长率（%）	冲击韧性/(J·cm^{-2})	硬　度
退火	650～700	15～20	40～60	180HBW
正火	700～800	15～20	50～80	160～220HBW

2. 正火的主要应用范围

1）消除或减少过共析钢的网状二次渗碳体组织，为球化退火做组织准备。正火的冷却速度较快，可阻止奥氏体冷却过程中析出的二次渗碳体，使渗碳体呈断续的链状分布。

2）改善亚共析钢的可加工性。亚共析钢退火后，先共析铁素体数量多，珠光体分散度小，硬度偏低，切削时易产生"粘刀"现象。正火可以增加珠光体的数量和分散度，提高硬度，从而改善可加工性。

3）正火可作为一般结构件的最终热处理。由于正火组织较细，所以比退火状态有较好的综合力学性能，而且工艺过程较为简单，所以可用于某些要求不高的结构件和大型件。

4）对某些大型或形状复杂的零件，当淬火有开裂危险时，可用正火代替淬火、回火处理。

5）正火操作简单，生产周期短、能量耗费少，正火后钢的力学性能高，故在允许的条件下应优先考虑正火处理。

图 2-29、图 2-30 所示为退火和正火工艺曲线和加热温度示意图。

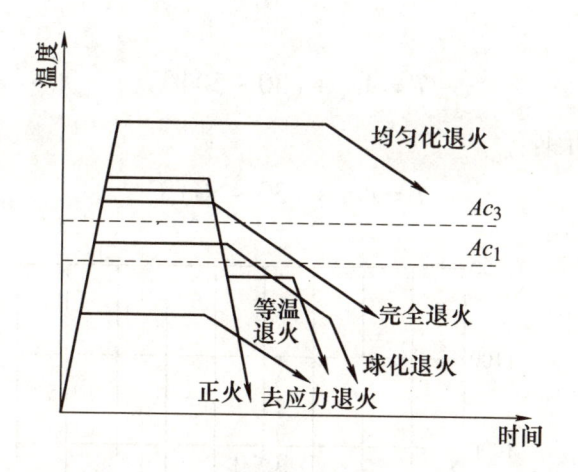

图 2-29 退火与正火工艺曲线示意图

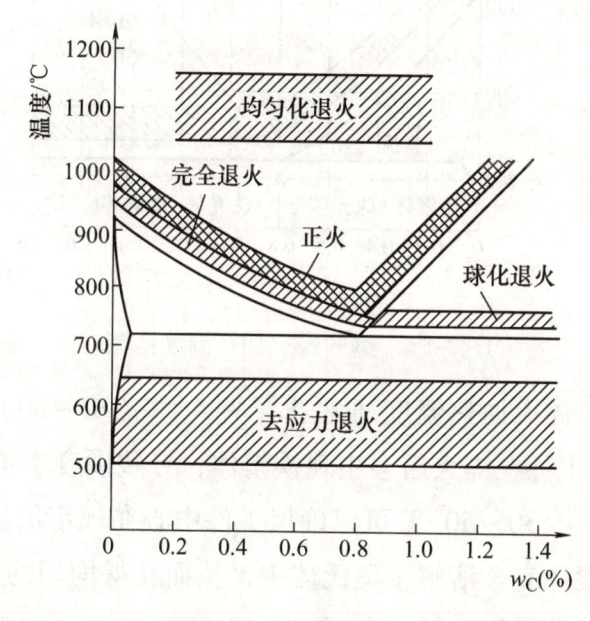

图 2-30 各种退火与正火加热温度示意图

五、钢的淬火

淬火是将钢件加热到 Ac_1（或 Ac_3）以上 30~50℃，保温一定的时间，然后以大于临界冷却速度冷却以获得马氏体或贝氏体组织的热处理工艺。其主要目的是获得马氏体，提高钢的硬度和耐磨性，是强化钢材最重要的工艺方法。

1. 淬火加热温度

淬火加热温度主要取决于钢的成分，一般由 $Fe-Fe_3C$ 相图来确定，如图 2-31 所示，其经验公式如下。

亚共析钢

$$T = Ac_3 + (30 \sim 50)\text{℃}$$

共析钢、过共析钢

$$T = Ac_1 + (30 \sim 50)\text{℃}$$

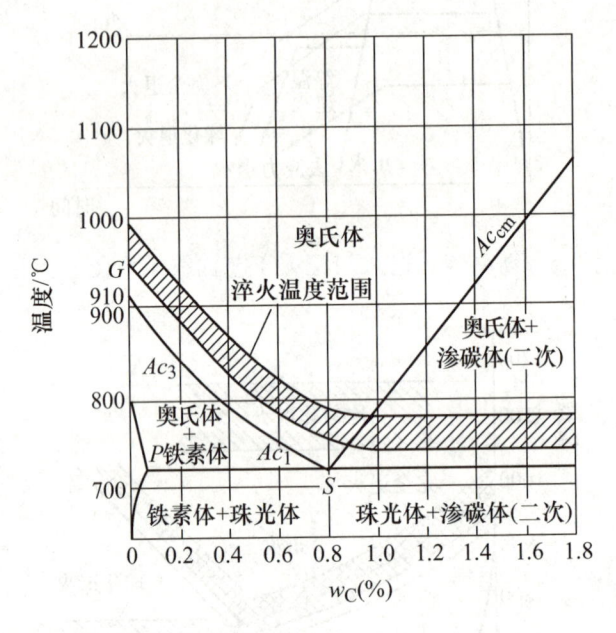

图 2-31 钢的淬火加热温度范围

对于亚共析钢，淬火加热温度通常选择为 $Ac_3 + (30 \sim 50)$℃。这是因为如果加热温度低于 Ac_3，工件在淬火后会出现铁素体，导致硬度不均匀，强度和硬度降低。提高温度至 $Ac_3 + (30 \sim 50)$℃可以确保工件中心在规定加热时间内达到 Ac_3 点以上的温度，使铁素体完全溶解于奥氏体中，从而获得均匀的奥氏体组织。

对于共析钢、过共析钢，淬火加热温度则选择为 $Ac_1 + (30 \sim 50)$℃。这个温度范围可以保证工件内各部分温度均高于 Ac_1，使得碳化物溶解，奥氏体晶粒细化，从而提高钢的硬度和耐磨性。如果温度过高，会导致奥氏体晶粒长大，淬火后得到片状马氏体，增加显微裂纹和脆性，降低钢的硬度和耐磨性。

2. 淬火冷却介质

目前常用的淬火冷却介质有水、油和盐浴。

水最便宜，且在 550~650℃范围内具有很大的冷却能力；在 200~300℃时也能很快冷却，所以容易引起工件的变形和开裂，这是水的最大缺点，但目前仍是碳钢最常用的淬火冷却介质之一。

油也是最常用的淬火冷却介质之一，生产商多用各种矿物油。油的优点是在

200~300℃范围内冷却能力低,这有利于工件的变形。其缺点是在550~650℃范围内冷却能力低,不适用于碳钢,所以油一般只用作合金钢的淬火冷却介质。

为了减少工件淬火时的变形,可采用盐浴作为淬火冷却介质,如溶化的$NaNO_3$、KNO_3等,主要用于贝氏体等温淬火、马氏体分级淬火。其特点是沸点高,冷却能力介于水与油之间,常用于处理形状复杂、尺寸较小和变形要求严格的工件。

为了寻求较理想的淬火冷却介质,已发展新型淬火冷却介质,如聚醚水溶液、聚乙烯醇水溶液等。

3. 淬火方法

工业中常用的淬火冷却方法有单介质淬火、双介质淬火、马氏体分级淬火和贝氏体等温淬火等,如图2-32所示。

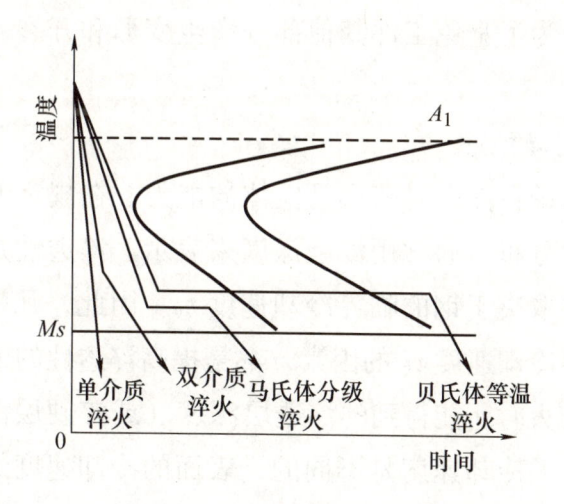

图2-32 常用淬火冷却方法

(1) 单介质淬火 将淬火加热后的钢件在一种冷却介质中冷却,称为单介质淬火,如碳钢在水中淬火、合金钢或尺寸很小的碳钢工件在油中淬火。单介质淬火操作简单,易实现机械化、自动化,应用广泛。其缺点是水淬容易使工件变形或开裂,油淬大型零件容易产生硬度不足现象。

(2) 双介质淬火 将淬火加热的钢件先淬入一种冷却能力较强的介质中,在钢件还未达到淬火冷却介质温度前即取出,然后马上淬入另一种冷却能力较弱的介质中冷却,称为双介质淬火,如先水后油的双介质淬火法。双介质淬火的目的是使过冷奥氏体在缓慢冷却条件下转变成马氏体,减少热应力与相变应力,从而减少变形,防止开裂。这种工艺的缺点是不易掌握从一种淬火冷却介质转入另一种淬火冷却介质的时间,要求有熟练的操作技艺。它主要用于中等复杂形状的高碳钢和尺寸较大的合金钢工件。

（3）马氏体分级淬火　将淬火加热后的钢件，迅速淬入温度稍高或稍低于 Ms 线的硝盐浴或碱浴中冷却，在介质中短时间停留，待钢中内外层达到介质温度后取出空冷，以获得马氏体组织。这种工艺特点是在钢件内外温度基本一致时，过冷奥氏体在缓慢冷却条件下转变成马氏体，从而减少变形。其缺点是由于钢在盐浴或碱浴中冷却能力不足，只适用于较小的零件。

（4）贝氏体等温淬火　将淬火加热后的钢件迅速淬入温度稍高于 Ms 线的硝盐浴或碱浴中，保持足够长时间，直至过冷奥氏体完全转变为下贝氏体，然后在空气中冷却。下贝氏体的硬度略低于马氏体，但综合力学性能较好，因此在生产中被广泛应用，如一般弹簧、螺栓、小齿轮、轴、丝锥等的热处理。

（5）局部淬火　对于有些工件，如果只是局部要求高硬度，可将工件整体加热后进行局部淬火。为了避免工件其他部分产生变形和开裂，也可局部进行加热淬火冷却。

4. 钢的淬透性与淬硬性

钢的淬透性是指钢在淬火时获得马氏体的能力，在规定的淬火条件下决定着钢材淬硬深度和硬度分布，通常用淬硬深度来表示。淬透性是评定钢淬火质量的一个重要参数，主要取决于钢的临界冷却速度 v_k。因此，凡是使钢的等温转变图位置右移、减少临界冷却速度 v_k 的因素，都是提高淬透性的因素。

淬透性一般用淬火时所能得到的淬透层深度（或淬硬层深度）来表示。淬火时，工件截面上各处的冷却速度是不同的，表面的冷却速度最大，越到中心冷却速度越小（图2-33）。若工件表面及中心的冷却速度都大于钢的临界冷却速度 v_k，则淬火后沿工件的整个截面均能获得马氏体组织，即钢被淬透了。

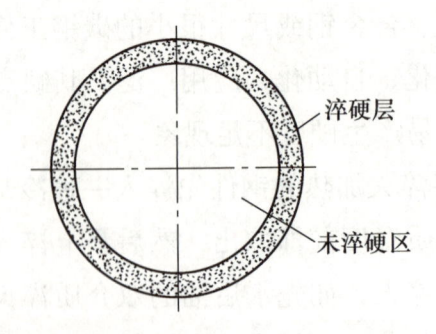

图 2-33　淬硬层深度示意图

淬硬性是指钢在理想条件下进行淬火硬化时所能达到最高硬度的能力，它反映钢在淬火时的硬化能力。淬硬性大小取决于马氏体的碳的质量分数。马氏体的碳的质量分数越高，则淬硬性越好。在马氏体的碳的质量分数相同的条件下，马氏体量越多，则淬硬性越好。淬透性和淬硬性是两个完全不同的概念，淬透性好的钢，淬硬性不一定好。

六、淬火钢的回火

将淬火钢重新加热到 Ac_1 点以下的某一温度，保温一定时间后冷却到室温的热处理工艺称为回火。一般淬火件必须经过回火才能使用。

1. 回火目的

（1）获得工件所要求的力学性能　工件淬火后得到的马氏体组织硬度高、脆性大，为了满足各种工件的性能要求，可以通过回火来调整硬度、强度、塑性和韧性。

（2）稳定工件尺寸　淬火马氏体和残留奥氏体都是不稳定组织，它们具有自发地向稳定组织转变的趋势，因而将引起工件的形状与尺寸的改变。通过回火可使淬火组织转变为稳定组织，从而保证在使用过程中不再发生形状和尺寸的改变。

（3）降低脆性，消除或减少应力　工件在淬火后存在很大应力，如果不及时通过回火消除，会引起工件进一步变形和开裂。

回火碳钢硬度变化的总趋势是随回火温度的升高而降低。

2. 回火的种类和应用

回火的种类和应用见表 2-12。

表 2-12　回火的种类和应用

回火种类	加热温度	最终组织	目的	硬度	应用
低温回火	150～250℃	回火马氏体	在保持淬火钢的高硬度和耐磨性的前提下，减小或消除淬火内应力，提高钢的韧性	60HRC 以上	常用于刃具、量具、冷作模具、滚动轴承以及表面淬火和渗碳淬火件等的热处理
中温回火	350～500℃	回火托氏体	提高弹性和韧性，并且保持一定的硬度	35～45HRC	主要用于各种弹簧、锻模、压铸型等

(续)

回火种类	加热温度	最终组织	目的	硬度	应用
高温回火	500～650℃	回火索氏体	具有良好综合力学性能	28～33HRC	广泛应用于各种重要构件，如传动轴、连杆、曲轴、齿轮等

淬火钢回火时的组织变化，必然导致其性能的变化。总的趋势是随着温度的升高，强度、硬度降低，塑性、韧性提高。工业上通常将钢件淬火及高温回火的复合热处理工艺称为调质。

材海史话

钢的热处理发展史

人们在开始使用金属材料起就使用热处理，其发展过程大体上经历了三个阶段。

一、民间技艺阶段

根据现有文物考证，我国西汉时代就出现了经淬火处理的钢制宝剑。史书记载，在战国时期即出现了淬火处理。据秦始皇陵开发证明，当时已有烤铁技术，兵马俑中的武士佩剑制作精良，距今已有两千多年的历史，出土后表面光亮完好，令世人赞叹。古书中有"炼钢赤刀，用之切玉如泥也"，可见当时热处理技术发展的水平。但是中国几千年的封建社会造成了贫穷落后的局面，在明朝以后热处理技术就逐渐落后于西方。虽然我们的祖先很有聪明才智，掌握了很多热处理技术，但是把热处理发展成一门科学还是近百年的事。在这方面，西方和俄国的学者走在了前面。新中国成立以后，我国的科学家也做出了很大的贡献。

二、技术科学阶段（实验科学）——金相学

此阶段为 1665～1895 年，主要表现为实验技术的发展。

1665 年，利用显微镜发现了 Ag-Pt 组织、钢刀片的组织。

1772 年，首次用显微镜检查了钢的断口。

1808 年，首次显示了陨铁的组织，后称魏氏组织。

1831 年，应用显微镜研究了钢的组织和大马士革剑。

1864 年，发现了索氏体。

1868 年，发现了钢的临界点，建立了铁碳合金相图。

1871 年，英国学者 T·A·Blytb 著《金相学用为独立的科学》在伦敦出版。

1895 年，发现了马氏体。

三、建立了一定的理论体系——热处理科学

通过等温转变图的研究、马氏体结构的确定及研究、"K-S"关系的发现以及对马氏体的结构的新认识等，建立了完整的热处理理论体系。

钢的热处理种类分为普通热处理、表面热处理和化学热处理三大类。常用的普通热处理有退火、正火、淬火和回火，表面热处理有感应加热淬火、火焰淬火等，化学热处理有渗碳、渗氮、碳氮共渗等。

实践训练

一、选择题

1. 热处理的目的不包括（　　）。

   A. 改进钢的工艺性能　　　　　B. 提高钢的使用性能

   C. 延长工件的使用寿命　　　　D. 提高工件的表面质量

2. 钢在加热过程中，控制奥氏体晶粒大小的因素不包括（　　）。

   A. 加热温度　　B. 加热介质　　C. 保温时间　　D. 加热速度

3. 共析钢过冷奥氏体在 Ar_1 线以下不同的温度会发生三种不同的转变，其中不包括（　　）。

   A. 珠光体转变　　B. 莱氏体转变　　C. 马氏体转变　　D. 贝氏体转变

4. 下列对于正火处理描述错误的是（　　）。

   A. 正火的加热温度是 Ac_3（或 Ac_{cm}）以上 30~50℃

   B. 保温一定时间后缓慢冷却至室温

   C. 正火可以作为最终热处理

   D. 正火可以改善亚共析钢的可加工性

二、填空题

1. 热处理的工艺路线包括_____、_____、_____三个过程。

2. 常用的普通热处理包括_____、_____、_____、_____。

3. 实际生产中，热处理采用的冷却方式主要有_____和_____。

4. 淬火加热温度主要取决于钢的成分，其中亚共析钢的加热温度为_____，共析、过共析钢的加热温度为_____。

5. 工业中常用的淬火冷却方法有_____、_____、_____、

_____。

6. 工业上通常将钢件淬火后又高温回火的复合热处理工艺称为_____。

三、简述题

1. 正火与退火的主要区别是什么？
2. 刃具、量具、冲模及滚动轴承等工件为什么要进行淬火+低温回火处理？
3. 自行车座垫弹簧淬火后为什么要进行中温回火？
4. 某车床生产厂家，齿轮箱中的齿轮采用45钢制造，要求齿部表面硬度为52~58HRC，心部硬度为217~255HBW，其工艺路线为下料→锻造→热处理→机加工→热处理→机加工→成品。试问：

   1）其中两处热处理各应选择哪种工艺？目的是什么？
   2）如改用20Cr钢代替45钢，所采用的热处理工艺应如何改动？

第六节　表面处理技术

> **课堂思考：**
>
> 某齿轮轴需要表面具有较高的硬度和耐磨性，而心部保持原有的塑性和韧性，应如何进行热处理？

一、钢的表面淬火

许多机械零件（如轴、齿轮、凸轮等）要求表面硬而耐磨，有高的疲劳强度，而心部要求有足够的塑性、韧性，此时可采用表面淬火。表面淬火就是仅对工件表层进行淬火的工艺，使钢表面得到强化。它是利用快速加热使钢件表层迅速达到淬火温度,不等热量传到心部就立即淬火冷却,从而使表层获得马氏体组织,心部仍保持原来塑性、韧性。表面淬火不改变零件表面化学成分,只是通过表面快速加热淬火,改变表面层的组织来达到强化表面的目的。表面淬火后,一般需进行低温回火,以减少淬火应力和降低脆性。

表面淬火方法很多,目前生产中应用最广泛的是感应淬火,其次是火焰淬火。

1. 感应淬火

将工件置于通有交流电流的感应线圈内,此时感应线圈的周围将出现一个交变磁场。在交变磁场的作用下,工件内部产生感应电流。感应电流的热效应使工件的温度升高。导体内通过交流电流时,电流密度沿截面的分布不均匀,在靠近表面的部分,电流密度最大,心部几乎为零,如图2-34所示。这种作用使得工件表面温度迅速升高,心部温度几乎不变。淬火频率越高,则加热层越薄。因此,可选用不同淬火频率来达到不同要求的淬硬层深度。感应淬火的应用见表2-13。

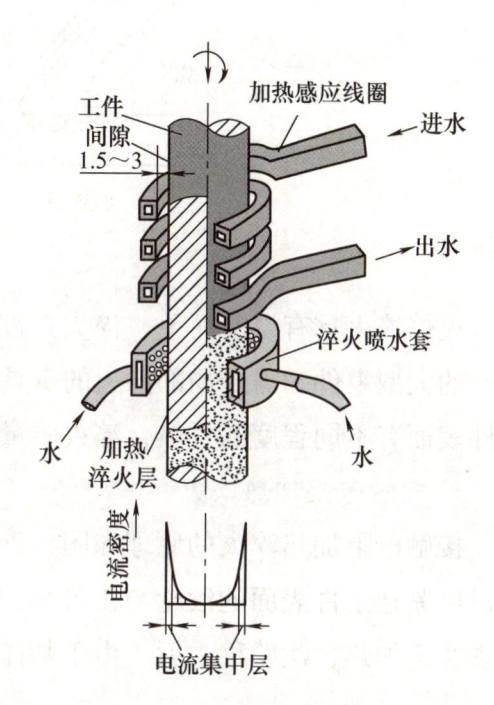

图 2-34 感应淬火示意图

表 2-13 感应淬火的应用

类　　别	淬火频率范围	淬硬层深度/mm	适用场合
高频感应淬火	50～300kHz	0.5～2	中、小模数齿轮及中、小尺寸的轴类零件
中频感应淬火	1000～10000Hz	2～10	较大尺寸的轴和大、中模数的齿轮
工频感应淬火	50Hz	10～20	大尺寸的零件,如轴辊、火车车轮等

感应淬火主要优点是加热速度快,操作迅速,生产率高;淬火后晶粒细小,力学性能好,不易产生变形及氧化脱碳。

2. 火焰淬火

火焰淬火是用氧乙炔焰或煤气-氧混合气体燃烧的高温火焰(3000℃以上),

将工件表面迅速加热到淬火温度，然后立即喷水冷却，如图 2-35 所示。火焰淬火的淬硬层深度一般为 2～6mm。

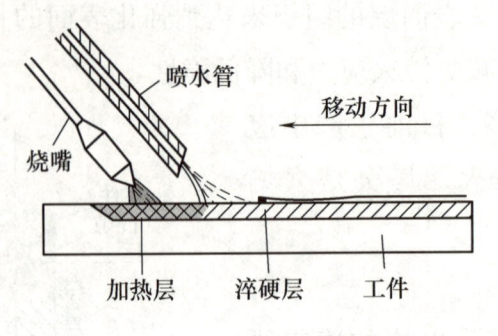

图 2-35　火焰淬火示意图

火焰淬火具有设备简单、淬火速度快、变形小等优点，适用于单件或小批量生产的大型零件和需要局部淬火的工具或零件，如大型轴、齿轮、轨道和车轮等。零件表面有不同程度的过热，淬火质量控制较难，因而使用上有一定的局限性。

3. 接触电阻加热淬火

接触电阻加热淬火的原理如图 2-36 所示，当工业电流经调压器降压后，电流通过压紧在工件表面的滚轮与工件形成回路，利用滚轮与工件之间的高接触电阻实现快速加热，滚轮移去后，由于基体金属吸热，表面自冷淬火。

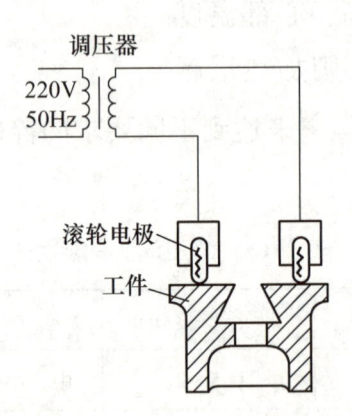

图 2-36　接触电阻加热淬火的原理

接触电阻加热淬火可显著提高工件表面的耐磨性和抗擦伤能力，设备及工艺简单，硬化层薄（一般为 0.15～0.35mm），适用于表面形状简单的零件，目前广泛用于机床导轨、气缸套等的表面淬火。

4. 激光淬火

激光淬火是 20 世纪 70 年代发展起来的一种高能密度的表面强化方法。这种表面淬火方法是用激光束扫描工件表面，使工件表面迅速加热到钢的临界点以上，而当激光束离开工件表面时,由于基体金属的大量吸热,表面急速冷却而自淬火,故无需冷却介质,如图 2-37 所示。

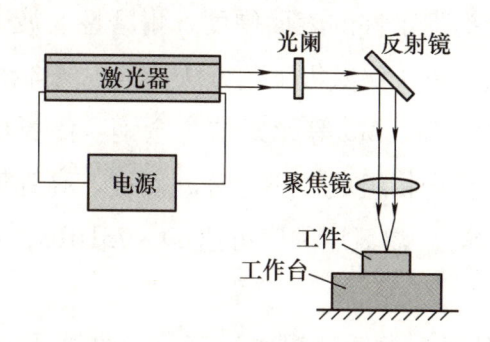

图 2-37 激光淬火的原理

激光淬火硬化层深度与宽度一般为:深度<0.75mm,宽度<1.2mm。激光淬火后表层可获得极细的马氏体组织,硬度高,耐磨性好。激光淬火可用于形状复杂,特别是某些部位(如拐角、沟槽、不通孔底部或深孔)用其他表面淬火方法极难处理的工件。

二、钢的化学热处理

化学热处理是将工件置于一定温度的活性介质中保温,使一种或几种元素渗入其表层,以改变其化学成分、组织和性能的热处理工艺。化学热处理的方法很多,一般有渗碳、渗氮、碳氮共渗等。

1. 钢的渗碳

将低碳钢(或低碳合金钢,如 15、20、20CrMnTi 等)工件置于富碳介质中,加热(900~950℃)并保温,使该介质分解出活性碳原子渗入工件表面,这种化学热处理工艺称为渗碳。

渗碳的目的是提高工件表层碳的质量分数,经过渗碳及随后的淬火和低温回火,提高工件表面的硬度、耐磨性和疲劳强度,而心部仍保持良好的塑性和韧性。工业生产中一般选用碳的质量分数为 0.15%~0.25%,以保证心部具有足够的韧性和强度,表面获得高的硬度和耐磨性。工件渗碳后必须进行淬火和低温回火,才能有效地发挥渗碳层的作用。

根据渗剂的不同,渗碳方法可分为固体渗碳、气体渗碳和液体渗碳三种。其中,气体渗碳的生产率较高,渗碳过程容易控制,渗碳层质量较好,易实现自动化生产,应用最为广泛。

2. 钢的渗氮

在一定温度（一般在 Ac_1 温度）下使活性氮原子渗入工件表面的化学热处理工艺称为渗氮。其目的在于提高工件的表面硬度、耐磨性、疲劳强度、耐蚀性及热硬性。渗氮处理有气体渗氮、离子渗氮等工艺方法，其中气体渗氮应用最广。

渗氮钢通常是含有 Al、Cr、Mo 等元素的合金钢。渗氮层由碳、氮溶于 $\alpha-Fe$ 的固溶体和碳、氮与铁的化合物组成，还含有高硬度、高弥散度的稳定的合金氮化物（如 AlN、CrN、MoN 等）。渗氮层硬度可达 69~73HRC，且可在 600~650℃ 保持较高的硬度。

与渗碳相比，渗氮温度大大低于渗碳温度，工件变形小；渗氮层的硬度、耐磨性、疲劳强度、耐蚀性及热硬性均高于渗碳层。但渗氮层比渗碳层薄而脆，渗氮处理时间比渗碳长得多，生产率低。渗氮处理广泛用于磨床主轴等要求高精度、高表面硬度、高耐磨性的精密零件。

3. 碳氮共渗

碳氮共渗是在一定温度下同时将碳、氮渗入工件表层奥氏体中并以渗碳为主的化学热处理工艺。在生产中主要采用气体碳氮共渗。

低温气体氮碳共渗以渗氮为主。高温气体碳氮共渗与渗碳相似，将工件放入密封炉内，加热到共渗温度，向炉内滴入煤油，同时通入氨气，经保温后，工件表面获得一定深度的共渗层。高温碳氮共渗以渗碳为主，但氮的渗入使碳浓度提高很快，从而使共渗温度降低、时间缩短。碳氮共渗温度为 830~850℃，保温 1~2h 后共渗层可达 0.2~0.5mm。

经碳氮共渗后，应进行淬火和低温回火处理。共渗淬火后，得到含氮马氏体，工件耐磨性比渗碳更好，共渗层比渗碳层有较高的压应力，因而有更高的疲劳强度，耐蚀性也较好。

碳氮共渗工艺与渗碳工艺相比，具有时间短、生产率高、表面硬度高、变形小等优点，但共渗层较薄，主要用于形状复杂、要求变形小的小型耐磨零件。

三、其他表面处理技术

1. 化学镀镍

化学镀镍的基本原理是以次亚磷酸盐为还原剂，将镍盐还原成镍，同时使镀层含有一定量的磷。沉积的镍膜具有自催化性，可使反应继续进行下去。

化学镀镍层比电镀镍层硬度高、更耐磨，其化学稳定性高，可以耐各种介质的腐蚀，具有优良的耐蚀性；化学镀镍层的热学性能十分重要，表现在和基体一起承受摩擦磨损和腐蚀过程中产生的热学和力学行为，两者的相容性对镀层使用寿命的影响较大；它的导电性取决于磷含量，电阻率高于冶金纯镍，但它的磁性比电镀镍层要低。因此，经过化学镀镍的材料已成为一种优良的工程材料，受到工业界的极大关注。

汽车工业利用化学镀镍层非常均匀的优点，在形状复杂的零件上，如齿轮、散热器和喷油嘴上采用化学镀镍工艺对其进行保护。在食品加工过程中，会涉及盐水、亚硝酸盐、柠檬酸、醋酸、天然木材的烟熏、挥发性有机酸等腐蚀介质等；而化学镀镍凭借其均镀能力、高耐蚀性、防粘、脱模性等方面的明显优势，在食品加工中广泛应用。揉面机上与食品接触的零件采用的化学镀镍就是应用成功的实例之一，在其他如食品充气装罐机、螺杆送料机、拌料锅、食品模具、烤盘、干燥箱、面包保温炉等食品机械上也越来越多地采用了化学镀镍。化学镀镍技术在军事上也得到了广泛的应用，突出的例子如航空母舰上飞机弹射机罩和轨道的化学镀镍保护。弹射机的工作环境非常恶劣，飞机发动时的高温气流冲刷轨道、弹射时的巨大的作用力，以及海洋气候条件的腐蚀，使弹射系统仅能使用 6~12 个月。

化学镀镍也广泛应用于电子、电器和仪器仪表行业中，如继电器、电容器压电组件等。

2. 电镀

电镀是金属电沉积技术之一，是将直流电通过电镀溶液（电解液）在阴极（工件）表面沉积金属镀层的工艺过程。电镀的目的在于改变固体材料的表面特征，改善外观，提高耐蚀、抗磨损、减摩性能，或制取特定成分和性能的金属覆层，提供特殊的电、磁、光、热等表面特性和其他物理性能等。

锌镀层常在紧固件、冲压件上使用。经过铬酸转化处理后，锌镀层可在电唱机上使用。在电镀镍合金的研究中，Ni-Fe 合金的研究与应用较为广泛，这种镀层可用作装饰性镀铬的底层，特别适用于钢铁管状零件。

3. 热浸镀

热浸镀是将一种基体金属经适当的表面预处理后，短时地浸在熔融状态的另一种低熔点金属中，在其表面形成一层金属保护膜的工艺方法。钢铁是使用最广泛的基体材料之一，铸铁及铜等金属也有采用热浸镀工艺进行表面处理的。镀层金属主要有锌、锡、铝、铅等及其合金。热浸镀层的常见种类见表 2-14。

表 2-14 常见热浸镀层的常见种类

镀层金属	熔点/℃	浸镀温度/℃	比热容	镀层特点
锌	419.45	460~480	0.094	耐蚀性、黏附性好，焊接参数要适当
铝	658.7	700~720	0.216	良好的耐热性，优异的耐蚀性，对光、热有良好的反射性
镉	231.9	260~310	0.056	具有美观的金属光泽，并经久保持，耐蚀性、附着力、韧性均好

热浸镀锌、热浸镀铝的钢材作为耐蚀材料广泛地应用于国民经济的各个部门。热浸镀钢材的主要用途见表 2-15。

表 2-15 热浸镀钢材的主要用途

种类	用途
热浸镀锌钢管	1) 一般管道用：水、煤气、农用喷灌管、排水管等 2) 石油、化工业：油井管、输油管、油加热器、冷凝冷却器等 3) 建筑业：建筑构件、暖房结构架、电视塔及桥梁结构等
热浸镀锌钢件	供水管、电信构件、灯塔、输变电铁塔、矿山井筒装备、井下设备与一般日用五金零部件等
热浸镀铝钢板	1) 耐热方面：烘烤炉、汽车排气系统、食品烤箱、烟筒等 2) 耐蚀方面：大型建筑物的屋顶板、侧壁；通风管道、汽车底板和驾驶室；包装用材、水槽、冷藏设备

多年来，热浸镀涂层材料不断推陈出新，使热浸镀工艺有了突破性的进展。它们以优异的性能、明显的经济效益和社会效益，跻身于金属防护涂层的行列，并引起人们的强烈关注。

4. 热喷涂

所谓热喷涂是将喷涂材料熔融，然后利用高速气流、火焰流或等离子流将其雾化，喷射在基体表面上，形成覆盖层。

热喷涂工艺灵活，施工对象不受限制，可任意指定喷涂表面，覆盖层厚度范围较大，生产率高。采用该技术，可以使基体材料在耐磨性、耐蚀性、耐热性和绝缘性等方面得到改善。目前，在包括航空航天、原子能设备等尖端技术在内的几乎所有领域，热喷涂技术都得到了广泛应用，并取得了良好的经济效益。

不论是在制造新型发动机还是在对其维修、改装的过程中，都要进行热喷涂，以解决磨损、风蚀、热保护和间隙调整的问题。

玻璃模具通常采用灰铸铁制造。灰铸铁硬度低，且在高温下硬度更低，在制造玻璃和玻璃器皿时，会因受到熔融玻璃的侵蚀、挤压、磨损和热疲劳的作用而损坏。采用热喷涂后，模具的一次性使用寿命提高5倍。

总之，热喷涂是金属表面科学领域中一个十分活跃的学科。

5. 真空离子镀

真空离子镀是在真空条件下，利用气体放电使气体或被蒸发物质离子化，气体离子或被蒸发物质受离子轰击作用的同时，把蒸发物或其反应物蒸镀在基片上。

真空离子镀把辉光放电、等离子体技术与真空蒸发镀膜技术结合在一起，不仅明显地提高了镀层各种性能，而且大大地扩充了镀膜技术的应用范围。真空离子镀除具有真空溅射特性外，还具有膜层的附着力强、绕射性好、可镀材料广泛等优点。

对于经常使用的刀具、模具、滚动轴承及一些表面要求耐磨的零件，均可利用真空离子镀，在零件表面镀覆铬、钛、钨等，以提高材料表面耐磨性。真空离子镀可以在较低温度甚至室温下镀覆。用高速钢制造切削工具、模具，回火温度约为560℃，而真空离子镀温度在500℃以下，所以真空离子镀可以安排在淬火、回火后，即在最后一道工序中进行，使工件寿命提高3~10倍。

在航天工业、船舶制造业、喷气涡轮发动机和化学设备中，经常遇到表面热腐蚀、高温氧化、蠕变、疲劳等问题。用真空离子镀制备耐热防腐蚀镀层不仅耐腐蚀、抗氧化，而且会使零件的蠕变抗力、疲劳强度明显提高，从而提高设备的寿命和安全可靠性。

为防止互相接触的部件表面由于滑动、旋转、滚动或振动所引起的摩擦破坏，必须使摩擦和磨损降到最低限度，并保持良好的润滑。例如，航天飞机上的轴承、齿轮等部件必须保持一个高度精确的运动状态，且要在超高真空、射线辐照、高温下工作。要满足这种严格的环境条件，通用的油润滑和脂润滑已无能为力，必须采用固体膜润滑。由真空离子镀制取的固体润滑膜无需使用黏结剂，而且具有镀层附着牢固并薄而均匀、摩擦及磨损性能良好、镀覆重复性好等优点，避免了粘结膜在高真空、高温、强辐照等环境中因黏结剂挥发或分解放出气体而干扰精密仪表、光学仪器的正常工作，或因黏结剂变质而润滑失效的不良现象，所以它特别适合在高真空、高温、强辐照等特殊环境中的高精度滚动或滑动部件上使用。

> **材海史话**

离子注入材料改性技术

离子注入材料改性技术是从20世纪70年代初逐渐发展起来的一种新颖的表面改性方法。它是把工件（金属、合金、陶瓷等）放在离子注入机中，在几十至几百千伏的电压下，把所需元素的离子注入到工件表面的一种工艺。作为离子流，目前用得较多的非金属有N、B、C；耐蚀抗磨合金元素有Ti、Cr、Ni；固体润滑元素有S、Mo、Sn、In；还有耐高温元素Y及稀土元素等。

离子注入材料改性技术已在工业上得到广泛应用，并已取得良好的经济效益。例如，离子注入材料改性技术可使某些刀具、模具的寿命延长数倍；也可使钛合金人工关节的磨损速率下降，使用寿命延长10～15年；还可使航空精密轴承的耐蚀性得到显著改善，从而延长其使用寿命。

> **实践训练**

一、名词解释

1. 表面热处理
2. 渗碳
3. 渗氮

二、填空题

1. 根据加热方法不同，表面淬火方法主要有_____、_____、_____、_____等。
2. 化学热处理方法较多，通常以渗入元素命名，如_____、_____和_____等。
3. 感应淬火按电流频率的不同，可分为_____、_____、_____三种，且感应加热电流频率越高，淬硬层越_____。
4. 化学热处理由_____、_____和_____三个基本过程所组成。

三、简述题

1. 表面热处理的目的是什么？
2. 简述目前常用的材料表面热处理技术，并说明其应用范围。

第三章

常用金属材料

应知应会

本章主要介绍常用金属材料，包括非合金钢、合金钢、铸铁、有色金属及其合金的分类、牌号、性能特点及其应用。通过本章的学习，要做到以下几个方面。

1. 掌握常用金属材料的分类、牌号、性能及其应用。
2. 能积累典型材料、零件、热处理方法和应用之间的知识，利用典型事例的学习，实现由书本知识向实践经验的转化，提高学习效率，并能解决日常生活及工程中的实际问题。
3. 学会利用网络收集材料的发展动态，丰富材料应用方面的知识。

学习重点

常用金属材料的牌号、性能和主要典型用途。

第一节　钢的牌号、性能及应用

课堂思考：

1. 大家所见过的桥梁、建筑以及机床、车辆等机械中所用零件大部分是由什么材料制成的？

2. 当所选材料不能满足零件使用性能要求时，应采取何种办法？

钢是指以铁为主要元素，碳质量分数在 0.0218%～2.11% 范围内，并含有其他元素的铁碳合金。钢按化学成分可分为非合金钢（又称碳素钢，简称碳钢）、低合金钢、合金钢三大类。按习惯，钢可分为碳素钢和合金钢两大类。

实际生产中使用的非合金钢除含碳元素外，还含有少量的硅、锰、硫、磷等元素。其中硅和锰是在冶炼钢的过程中由于加入脱氧剂而残留下来的，而硫、磷等则是由炼钢原料或空气带入钢的。这些元素的存在对钢的组织和性能都有一定影响，它们通称为杂质元素。

在工业上使用的钢铁材料中，非合金钢占有重要的地位。这是由于非合金钢容易冶炼、价格低廉、易于加工，通过碳的质量分数的增减和不同的热处理，它的性能可以得到改善，能满足一般机械零件的使用要求，故应用十分广泛。但是非合金钢存在着淬透性、回火抗力差、基本相软弱等缺点，使它的应用受到了一定的限制。

为了提高钢的性能，在非合金钢的基础上有目的地添加了其他合金元素（如 Mn、Si、Ni、V 等），这种钢称为合金钢。在一些恶劣的环境中使用的设备以及承受复杂交变应力、冲击载荷和在摩擦条件下工作的工件，都离不开合金钢；一些要求有特殊性能如耐热、耐蚀、高磁性、无磁性、高耐磨性等的设备或工件，都离不开合金钢。因而合金钢的用量比率在逐年增长。

一、非合金钢

1. 非合金钢的分类

非合金钢有多种分类方法，常用的有以下几种。

（1）按碳的质量分数分类 $\begin{cases} 低碳钢 & w_C < 0.25\% \\ 中碳钢 & 0.25\% \leq w_C \leq 0.6\% \\ 高碳钢 & w_C > 0.6\% \end{cases}$

（2）按质量分类 硫和磷在非合金钢中是有害元素，硫会使非合金钢产生热脆性，磷会使非合金钢产生冷脆性。因此，非合金钢按主要质量等级可分为普通质量非合金钢、优质非合金钢、特殊质量非合金钢。

（3）按用途分类

1）碳素结构钢。主要用于各类工程中。通常热轧后空冷供货，用户一般不需进行热处理而直接使用。

2）优质碳素结构钢。主要用于各种重要机械零件。可以通过热处理来调整零件的力学性能。出厂状态可以是热轧后空冷，也可以是退火、正火等状态。

3）碳素工具钢。主要用于制作各种小型工具。可进行淬火、低温回火处理获得高硬度高耐磨性。

（4）按冶炼时脱氧程度分类

$\begin{cases}沸腾钢（F）：脱氧不充分，浇注时 C 与 O 反应发生沸腾。这种钢成材率高，\\\qquad\qquad\qquad 但不致密。\\镇静钢（Z，也可不写）：脱氧充分、组织致密、质量较高、成材率低。\end{cases}$

2. 常用非合金钢的牌号、性能及应用

非合金钢具有良好的力学性能和工艺性能，且冶炼方便、价格便宜。对工业和农业生产、交通运输、国防乃至日常生活来说，非合金钢是最基本、最重要的材料，也是目前应用最为广泛的金属材料。实际生产中使用的非合金钢材料种类很多，常用的有以下四类。

（1）碳素结构钢　碳素结构钢的碳的质量分数为 0.06%~0.38%，硫、磷含量较高，一般在供应状态使用，不需经过热处理。其价格便宜，在满足使用要求的前提下，应优先选用。

碳素结构钢的牌号用"Q + 数字 + 质量等级符号 + 脱氧方法符号"表示。

"Q"表示屈服强度；数字表示屈服强度数值，单位是 MPa；质量等级符号包括 A、B、C、D 四种，从 A 至 D，其硫、磷含量依次下降，质量依次提高；脱氧方法符号包括 F（沸腾钢）、Z（镇静钢）、TZ（特殊镇静钢）三种，其中 Z、TZ 可省略。例如 Q235AF、Q235BZ 分别表示：屈服强度为 235MPa 的 A 级沸腾碳素结构钢、屈服强度为 235MPa 的 B 级镇静碳素结构钢。

碳素结构钢的产量大（占钢总量的 70%），应用范围非常广泛，大多轧制成板材、型材（圆、方、扁、工字、槽、角钢等型材）及异型材。图 3-1 所示为圆钢，图 3-2 所示为钢板，二者常用于厂房、桥梁、船舶等建筑结构和一些受力不大的机械零件。

图 3-1　圆钢 　　　　　　　　图 3-2　钢板

Q195、Q215、Q235 为低碳钢，塑性、韧性和焊接性较好，有一定的强度和硬度。

Q195、Q215 强度较低,通常用于制作受力较小的零件,如铁钉、铁丝、白铁皮、黑铁皮、轻负荷的冲压件和焊接件。

Q235 具有中等强度,并具有良好的塑性和韧性,而且易于成形和焊接,是应用最为广泛的碳素结构钢。这种钢多用作钢筋和钢结构件,另外还用作铆钉(图3-3)、铁路道钉和各种机械零件,如螺钉(图3-4)、螺母(图3-5、图3-6)、拉杆、连杆等。

图 3-3　铆钉 　　　　　　　　图 3-4　螺钉

图 3-5　自锁螺母 　　　　　　图 3-6　吊环螺钉螺母

(2) 优质碳素结构钢　优质碳素结构钢是按化学成分和力学性能供应的。钢中的硫、磷含量较少,表面质量、组织结构均比较好,常用于需经过热处理的各种重要机械结构件。

优质碳素结构钢的牌号用"两位数字"表示。这两位数字是以平均万分数表示的碳的质量分数。例如 45 钢表示碳的质量分数为 0.45% 的优质碳素结构钢。

优质碳素结构钢按含锰量不同,分为普通含锰量(锰的质量分数为 0.35% ~ 0.80%)和较高含锰量(锰的质量分数为 0.7% ~ 1.2%)两组,较高含锰量的优质碳素钢要在牌号后附加"Mn",如 40Mn、65Mn。

08 钢 ~ 25 钢(低碳钢):这类钢的碳的质量分数低,强度、硬度低,塑性、韧性及焊接性好。

08 钢和 10 钢称为冷冲压钢，因其塑性好、强度低，一般由钢厂轧成薄板或钢带供应。其主要用于制造深冷冲压件和焊接件，如汽车壳体、油箱、压力容器等。

15 钢、20 钢、25 钢称为渗碳钢。其塑性好，有一定强度，经渗碳处理后，可以实现"皮硬心软"的性能。这类钢常用于制造尺寸不大、载荷较小的渗碳件，如摩托车链条、小齿轮、活塞销（图 3-7）、小轴（图 3-8）、垫圈（图 3-9）；也用于制造不需热处理的冲压件和焊接件，如风扇叶片、法兰盘（图 3-10）等。

图 3-7　活塞销

图 3-8　小轴

图 3-9　垫圈

图 3-10　法兰盘

30 钢～55 钢（中碳钢）：典型钢种为 45 钢。这类钢具有较高的强度、硬度，塑性、韧性良好，在机械制造中应用非常广泛，其中以 45 钢最为突出。它主要用于制造尺寸较大的零件，如机床主轴、连杆（图 3-11）、曲轴（图 3-12）、齿轮（图 3-13）、联轴器（图 3-14）等。

60 钢～85 钢（高碳钢）：典型钢种为 65Mn。这类钢具有较高的强度、硬度和弹性，但塑性较差，焊接性不好，可加工性差，主要用于制造弹性零件和耐磨件，如钢丝绳、弹簧（图 3-15）、板簧（图 3-16）、弹簧垫圈（图 3-17）、弹簧片、钢轨等。

图 3-11　连杆 　　　　图 3-12　曲轴 　　　　图 3-13　齿轮

图 3-14　联轴器 　　　　图 3-15　弹簧

图 3-16　板簧 　　　　图 3-17　弹簧垫圈

（3）碳素工具钢　碳素工具钢的碳的质量分数为 0.65%～1.35%。根据硫、磷含量的不同，碳素工具钢分为优质碳素工具钢和高级优质碳素工具钢，牌号用"T+数字"表示。T 表示"碳素工具钢"；数字是以千分数表示的碳的质量分数。高级优质钢在钢号后加"A"，含锰量高的在数字后标注"Mn"。

例如 T8 表示碳的质量分数为 0.8% 的碳素工具钢，T10A 表示碳的质量分数为 1.0% 的高级优质碳素工具钢。

碳素工具钢具有较高的硬度和耐磨性，随碳的质量分数的增加，其硬度和耐磨性逐渐增大，韧性逐渐下降。其主要用于制造形状复杂、切削速度较低（<5m/min）、工作温度不高（200℃以下）的工具和耐磨件。碳素工具钢的牌号、

性能和用途见表3-1。图3-18所示为锉刀,图3-19所示为锤子。

表3-1 碳素工具钢的牌号、性能和用途

牌 号	性 能	用 途
T7、T7A、T8、T8A、T8Mn	韧性较好,具有一定硬度	制造受冲击而要求较高硬度和耐磨性的工具,如木工用錾子、钻头、锤子、模具等
T9、T9A、T10、T10A、T11、T11A	较高硬度,具有一定韧性	制造受中等冲击的工具和耐磨机件,如手工锯条、丝锥和板牙、冲模等
T12、T12A、T13、T13A	硬度高、韧性差	制造不受冲击而要求极高硬度的工具和耐磨机件,如钻头、锉刀、刮刀、量具等

图3-18 锉刀　　　　　　　　　图3-19 锤子

(4) 铸钢　铸钢一般用于制造形状复杂、力学性能要求较高的机械零件。如变速器箱体、水泵壳体、轧钢机架、重载大型齿轮这类形状复杂的零件,很难用锻造或机械加工的方法制造,又由于力学性能要求较高,用铸铁又难以满足性能要求,此时通常选用铸钢来铸造。

铸钢的碳的质量分数为0.20%~0.60%,碳的质量分数高则塑性差,铸造时易产生裂纹。铸钢的牌号用"ZG+数字-数字"表示。ZG表示"铸钢";两组数字分别表示屈服强度和抗拉强度,如ZG200-400表示屈服强度为200MPa、抗拉强度为400MPa的铸钢。铸钢的牌号、性能和用途见表3-2。图3-20所示为铸钢机座,图3-21所示为铸钢连杆,图3-22所示为铸钢大齿轮。

表 3-2　铸钢的牌号、性能和用途

牌　号	性　能	用　途
ZG200-400	良好的塑性、韧性和焊接性	受力不大，要求有一定韧性的零件，如机座、变速器箱体等
ZG230-450	一定的强度和较好的塑性、韧性，焊接性良好，可加工性尚好	受力不大，要求具有一定韧性的零件，如砧座、轴承盖、外壳、阀体、底板等
ZG270-500	较高的强度和较好的塑性，铸造性能良好，焊接性较差，可加工性良好	用途较广，用作轧钢机架、连杆、箱体、缸体、曲轴等
ZG310-570	强度和可加工性较好，焊接性较差，焊补要预热	用于载荷较大的耐磨件，如大齿轮、制动轮、气缸等
ZG340-640	较高的硬度、强度和耐磨性，可加工性中等，焊接性差，焊补要预热	用于运输机中的齿轮、起重机、棘轮、车轮、叉头等

图 3-20　铸钢机座

图 3-21　铸钢连杆

图 3-22　铸钢大齿轮

二、合金钢

为改善钢的性能，特意在非合金钢的基础上加入一种或多种合金元素则形成了合金钢，目前常用的合金元素有硅（Si）、锰（Mn）、铬（Cr）、镍（Ni）、钨（W）、钼（Mo）、钒（V）、钛（Ti）、铝（Al）、硼（B）、铌（Nb）、锆（Zr）和稀土元素铼（Re）等。

合金元素在钢中不仅与铁和碳两种基本元素发生反应，而且合金元素之间也可能相互作用，从而使合金钢具有优良的性能。

1. 合金钢的优良性能

（1）力学性能好　合金元素溶入铁后，形成合金铁素体，使铁素体的强度和硬度提高。硅、锰和镍是强化铁素体最显著的合金元素。铁、钒、钨、钼、铬、锰这些与碳亲和力大的合金元素，能与碳形成较稳定的特殊碳化物，显著提高钢的强度、硬度和耐磨性，而对塑性和韧性影响不大。与非合金钢比较，合金钢具有优良的力学性能。

（2）热硬性高　合金元素在淬火时大部分能溶入马氏体，因而在回火过程中，合金元素对扩散过程起阻碍作用，使马氏体不易分解、碳化物不易析出，使钢在回火过程中硬度下降较慢。淬火钢在回火过程中抵抗硬度下降的能力称为耐回火性。

高的耐回火性使钢在较高的温度条件下，仍能保持较高硬度和耐磨性。金属材料在高温（>550℃）下保持高硬度（≥60HRC）的能力，称为热硬性。

非合金钢制造的刀具只能在200℃以下保持高硬度，而合金钢最高可在600℃保持高硬度。热硬性高的材料可用于制造切削速度高的刀具，在金属切削加工中发挥重要作用。

（3）淬透性好　合金元素（除钴外）溶入奥氏体后，能增加过冷奥氏体的稳定性，从而使等温转变图右移，降低了钢的临界冷却速度，提高了钢的淬透性。例如，45钢在水中仅能淬透18mm，而40CrNiMoA在油中能淬透100mm。淬透性好的钢能使大截面的零件淬透，且可用冷却能力弱的介质淬火，减少零件的变形和开裂。

（4）具有特殊的物理、化学性能　一些合金元素的加入能使钢具有一些特殊的物理、化学性能。加入铬、镍、钼等合金元素，可使钢有很好的耐蚀性和耐热性；加入11%~14%的锰元素，可使钢具有特别高的耐磨性。这些特殊的物理、化学性能，使合金钢发挥着特殊的作用。

2. 合金钢的分类和牌号

（1）合金钢的分类

1）按合金元素含量（质量分数）分类。

$$\begin{cases} 低合金钢，合金元素总含量 <5\%。\\ 中合金钢，合金元素总含量 5\% \sim 10\%。\\ 高合金钢，合金元素总含量 >10\%。 \end{cases}$$

2）按主要用途分类。

$$\begin{cases} 合金结构钢：主要用于制造重要的机械零件和工程结构件。\\ 合金工具钢：主要用于制造重要工具。\\ 特殊性能钢：具有某些特殊物理、化学性能的合金钢，如不锈钢、耐热钢、\\ \qquad\qquad\quad 耐磨钢等。 \end{cases}$$

（2）合金钢的牌号

1）合金结构钢的牌号。除低合金高强度结构钢和特殊专用钢，我国的合金结构钢牌号采用以下方法表示

$$\underset{(以万分数表示的碳的质量分数)}{两位数字} + \underset{(合金元素)}{元素符号} + \underset{(合金元素的质量分数)}{数字}$$

例如 20CrNi3 表示碳的质量分数为 0.20%、Cr 的质量分数为 0.6% ~ 0.9%、Ni 的质量分数为 2.75% ~ 3.15% 的合金结构钢。

高级优质钢在牌号后加字母 A，如 30CrMnSiA 表示高级优质合金结构钢；特级优质钢在牌号后加字母 E，如 30CrMnSiE 表示特级优质合金结构钢。

2）合金工具钢的牌号

合金工具钢的牌号采用下列方法表示

$$\underset{(以千分数表示的碳的质量分数)}{一位数字} + \underset{(合金元素)}{元素符号} + \underset{(合金元素的最高质量分数)}{数字}$$

当碳的质量分数小于 1.0% 时，用一位数字标明，如 8MnSi 表示碳的质量分数为 0.80%。当碳的质量分数大于 1.0% 时则不标。

3）特殊性能钢的牌号。特殊性能钢牌号的表示方法：在碳的质量分数大于或等于 0.04% 时，推荐取两位小数；在碳的质量分数不大于 0.03% 时，推荐取三位小数。例如，不锈钢的牌号 17Cr18Ni9 表示碳的质量分数为 0.17%，06Cr18Ni9

表示碳的质量分数为0.06%，022Cr19Ni10表示碳的质量分数为0.022%等。

除此以外，还有一些特殊专用钢为表示钢的用途，在钢的牌号前面冠以汉语拼音字母字头，而不标碳的质量分数。合金元素含量的标注也特殊，如滚动轴承钢牌号的表示方法：在牌号前面加"G"（"滚"字的汉语拼音字首），如GCr15、GCr15SiMn、GCr9。还应特别注意牌号中铬元素后面的数字表示铬的质量分数的千分数，其他元素的质量分数仍是按百分数表示，如GCr15SiMn表示平均铬的质量分数为1.5%、硅的质量分数<1.5%、锰的质量分数<1.5%的滚动轴承钢。

3. 合金结构钢

合金结构钢按用途可分为工程用钢和机械制造用钢两大类。

工程用钢主要用于各种工程结构，如建筑钢架（图3-23）、桥梁、车辆等。这类钢是含少量合金元素的低碳钢，称为低合金高强度结构钢。

图3-23 建筑钢架

机械制造用钢主要用于制造机械零件，按其用途和热处理特点，又分为合金渗碳钢、合金调质钢、合金弹簧钢、滚动轴承钢等。

（1）低合金高强度结构钢 低合金高强度结构钢是在低碳钢的基础上加入了少量合金元素而制成的钢，钢中的碳的质量分数小于0.2%，合金元素总的质量分数小于3%。由于合金元素产生的显著强化作用，这类钢的强度比碳的质量分数相同的非合金钢高得多（高25%~150%），故称为低合金高强度结构钢。它还具有良好的塑性、韧性和焊接性，耐蚀性也比非合金钢好。这类钢塑性好，便于冷弯和冲压成形，成本低，产量大。另外，其冷脆转变温度低，对高寒地区使用的结构件和运输工具有很重要的意义。

低合金高强度结构钢的牌号由代表屈服强度"屈"字的汉语拼音首字母Q、规定的最小上屈服强度数值、交货状态代号、质量等级符号（B、C、D、E、F）四个部分组成。交货状态为热轧时，交货状态代号AR或WAR可省略；交货状态为正火或正火轧制状态时，交货状态代号均用N表示。Q+规定的最小上屈服强度数值+交货状态代号，简称为"钢级"。示例：Q355ND。其中：

Q——钢的屈服强度的"屈"字汉语拼音的首字母；

355——规定的最小上屈服强度数值，单位为兆帕（MPa）；

N——交货状态为正火或正火轧制；

D——质量等级为D级。

当需方要求钢板具有厚度方向性能时，则在上述规定的牌号后加上代表厚度方向（Z向）性能级别的符号，如：Q355NDZ25。

低合金高强度结构钢大多在热轧经退火或正火状态下使用，一般不再进行热处理。这类钢广泛用于桥梁（图3-24）、车辆、船舶（图3-25）、锅炉、压力容器（图3-26）和输油管等。常用的低合金高强度结构钢的牌号、性能和用途见表3-3。

图3-24 南京大胜关长江大桥

图3-25 船体

表3-3 常用的低合金高强度结构钢的牌号、性能和用途

牌号	R_{eH}/MPa	R_m/MPa	$A(\%)$	用途
Q355	275～355	490～630	22	高层建筑的梁、柱和屋顶，桥梁的主梁和支撑结构，船体和甲板，车架和车厢，各种高压容器和管道等

（续）

牌号	R_{eH}/MPa	R_m/MPa	$A(\%)$	用　　途
Q390	330~390	490~650	19	大型厂房结构、起重运输设备、高载荷的焊接结构件等
Q420	360~420	520~680	18	大型船舶、电站设备、大型焊接结构、中压或高压容器等
Q460	400~460	550~720	17	各种大型工程结构件及要求强度高、载荷大的轻型结构

（2）合金渗碳钢　一些零件，如汽车、拖拉机的变速齿轮、柴油机凸轮轴（图3-27）、曲轴（图3-28）、活塞销（图3-29）等，往往要求表面具有高的硬度和耐磨性，而心部则要求较高的强度和足够的韧性。为满足上述性能要求，常采用合金渗碳钢。

图3-26　压力容器 　　　　图3-27　柴油机凸轮轴

图3-28　曲轴 　　　　图3-29　活塞销

合金渗碳钢碳的质量分数为0.10%~0.25%，可保证心部具有足够的塑性和韧性。加入Cr、Ni、Mn、Si、B等合金元素，主要是为了提高淬透性，使零件在热处理后从表面到心部都能得到强化；加入V、Ti、Mo等元素是为了细化晶粒。20CrMnTi是最常用的合金渗碳钢，适用于截面直径在30mm以下的高强度渗碳零件。

合金渗碳钢采用热处理一般是渗碳、淬火和低温回火。

常用的合金渗碳钢的牌号、性能和用途见表3-4。

表 3-4 常用的合金渗碳钢的牌号、性能和用途

牌号	试样毛坯/mm	R_m/MPa	A_e(%)	Z(%)	用途
20Cr	15	835	10	40	齿轮、小轴、活塞销
20CrMnTi	15	1080	10	45	汽车、拖拉机的变速齿轮
20MnVB	15	1080	10	45	重型机床齿轮、汽车后桥齿轮
20CrMnMo	15	1180	10	45	大型齿轮、凸轮轴

（3）合金调质钢　合金调质钢是用来制造在多种性质的外力作用下工作的、要求具有良好的综合力学性能的零件，既要求高的强度，又要求很好的塑性和韧性，如机床主轴、连杆（图 3-30）、曲轴（图 3-31）、传动齿轮（图 3-32）等。合金调质钢碳的质量分数为 0.25%～0.50%。加入 Cr、Mn、Si、Ni、B 等合金元素，主要是为了强化铁素体，显著提高淬透性，使大截面零件获得均匀、一致的组织和性能。加入少量的 Mo、V、W、Ti 等合金元素，目的是细化晶粒，进一步提高强度。

图 3-30　连杆

图 3-31　曲轴

40Cr 是合金调质钢最常用的钢种，其强度比 40 钢提高 20%，属于低淬透性合金调质钢，油淬临界直径为 30～40mm，用于制造一般尺寸的重要零件。35CrMo 为中淬透性合金调质钢，油淬临界直径为 40～60mm。40CrMnMo 为高淬透性合金调质钢，油淬临界直径为 60～100mm。

图 3-32　传动齿轮

合金调质钢的淬透性好，一般用油淬，调质后的组织为回火索氏体。若要求零件表面有很高的耐磨性，可在调质后进行表面淬火或者化学热处理。

常用合金调质钢的牌号、热处理方法、力学性能和用途见表3-5。

表 3-5　常用合金调质钢的牌号、热处理方法、力学性能和用途

牌　号	热处理方法		力学性能			用　途
	淬火温度/℃	回火温度/℃	R_m/MPa	A_e（%）	Z（%）	
40Cr	850	520	980	9	45	重要调质件，如主轴、连杆、重要的齿轮等
40MnB	850	500	980	10	45	
35CrMo	850	550	980	12	45	重要调质件，如主轴、曲轴、连杆等
30CrMnSi	880	540	1080	10	45	
38CrMoAl	940	640	980	14	50	精密机床主轴、精密丝杠、精密齿轮
40CrMnMo	850	600	980	10	45	高强度零件，如航空发动机轴
40CrNiMo	850	600	980	12	55	

（4）合金弹簧钢　弹簧是各种机械和仪表中的重要零件，它主要利用弹性变形时所存储的能量，来起到缓和机械上的振动和冲击的作用，故要求这类钢具有高的弹性极限、疲劳强度以及较好的塑性和韧性。

合金弹簧钢的碳的质量分数为0.45%~0.7%，通常加入Mn、Si、Cr等合金元素，主要是为了提高弹簧钢的强度和淬透性。尤其是Si，能显著提高弹簧的弹性强度，是弹簧钢中的常用元素之一。

含Si、Mn的弹簧钢最高工作温度在250℃以下，而含V、Cr、W的合金弹簧钢可在350℃以下工作，如50CrV具有高的强度，在300℃以下工作时性能稳定，并且具有良好的低温韧性。图3-33所示为汽车板簧，图3-34所示为火车螺旋弹簧。常用合金弹簧钢的牌号、热处理方法、性能和用途见表3-6。

图 3-33　汽车板簧　　　　　图 3-34　火车螺旋弹簧

表 3-6 常用弹簧钢的牌号、热处理方法、性能和用途

牌　号	热处理方法		性　能			用　途
	淬火温度/℃	回火温度/℃	R_m/MPa	A_e(%)	Z(%)	
60Si2Mn	870	440	1570	5	20	25～30mm 的弹簧，如汽车板簧
50CrV	850	500	1275	10	40	30～50mm 的重要弹簧及在 350℃ 以下工作的耐热弹簧

合金弹簧钢按加工和热处理方法分为两种。

1）冷成形弹簧钢，如图 3-35 所示的冷成形的发条和图 3-36 所示的弹簧丝，它适用于小型弹簧（外径小于 10mm），采用冷拔钢丝或冷轧钢带卷绕而成。钢经过冷卷和冷轧，由于冷加工硬化作用，屈服强度大为提高。冷卷成形的弹簧，需在 200～300℃ 进行去应力退火，以稳定弹簧的几何尺寸，消除内应力。

图 3-35　冷成形的发条

图 3-36　弹簧丝

2）热成形弹簧钢，适用于大型弹簧或形状复杂的弹簧。弹簧热成形后进行淬火及中温回火，以便获得很高的弹性强度和疲劳强度。热处理后的弹簧往往还要进行喷丸处理，使表面产生加工硬化，以提高弹簧的疲劳强度，从而提高弹簧的寿命。

（5）滚动轴承钢　滚动轴承钢主要用于制造滚动轴承的滚动体和内圈、外圈。滚动轴承（图 3-37）在工作时承受很大的局部交变载荷，滚动体与内、外圈间接触应力较大，易产生疲劳破坏。因此，要求滚动轴承钢具有高硬度、高耐磨

性、高弹性极限和接触疲劳强度，以及足够的韧性和耐蚀性。

图 3-37　滚动轴承

滚动轴承钢的碳的质量分数为 0.95%~1.05%，铬的质量分数为 0.45%~1.65%。加入 Cr 元素是为了提高淬透性，并在热处理后形成细小、均匀分布的碳化物，提高其耐磨性。制造大型轴承时，为进一步提高淬透性，还可以加入 Si、Mn 等元素。滚动轴承钢的热处理主要是锻造后再进行球化退火（<210HBW），制成零件后进行淬火和低温回火，得到回火马氏体组织，硬度可达 62HRC 以上。

常用的滚动轴承钢为 GCr15，它主要用于中小型滚动轴承；制造大型轴承常用 GCr15SiMn。为节约合金元素 Cr，我国研制出不含铬的滚动轴承钢，如用 GSiMnV、GSiMnMoV 等钢代替 GCr15。由于滚动轴承钢的化学成分和主要性能又类似工具钢，故滚动轴承钢还可以用于制造刀具、冷模具、量具等。

4. 合金工具钢

合金工具钢按用途可分为合金刀具钢、合金模具钢和合金量具钢。

(1) 合金刀具钢　合金刀具钢主要用来制造车刀、铣刀、钻头等各种金属切削刀具。根据刀具工作条件，其应具有高硬度、高耐磨性、高热硬性、足够的强度和韧性等。

合金刀具钢分为低合金刀具钢和高速工具钢两种。

1) 低合金刀具钢。低合金刀具钢是在碳素工具钢的基础上加入少量合金元素的钢。这类钢碳的质量分数为 0.8%~1.5%，合金元素总的质量分数不大于 5%，故称为低合金刀具钢。加入 Cr、Si、Mn 等合金元素，主要是为了提高钢的淬透性和强度，Cr 和 Si 还可以提高钢的耐回火性，使其在 300℃ 以下回火后硬度仍保持在 60HRC 以上。加入少量 W、V 等合金元素，主要是为了提高钢的硬度和耐磨性，并防止加热时过热，保持晶粒细小。低合金刀具钢主要用于制造尺寸较大、切削速度较低、形状比较复杂、要求淬火后变形较小的刀具，如板牙（图3-38）、丝锥（图3-39）、拉刀（图3-40）、铰刀（图3-41）等。

图 3-38　板牙 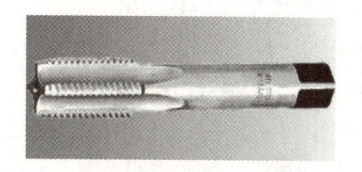　　　　图 3-39　丝锥

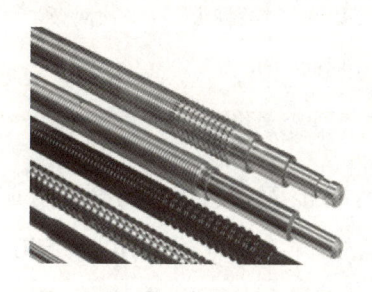

图 3-40　拉刀 　　　　图 3-41　铰刀

9SiCr 是最常用的低合金刀具钢，其含有少量的 Cr 和 Si，提高了钢的淬透性和耐回火性，碳化物细小、均匀，硬度为 60~64HRC，工作温度可达 300℃。因此，9SiCr 主要用于制造要求淬火变形较小和切削刃细薄的刀具，如丝锥、板牙、铰刀等。

低合金刀具钢的预备热处理是球化退火，最终热处理为淬火后低温回火。

2）高速工具钢（以下简称高速钢）。高速钢含有 W、Cr、V 等多种元素。较高的碳含量可保证形成足够的碳化物，提高硬度和耐磨性；加入 Cr，主要作用是提高淬透性；加入 W 和 Mo，主要作用是提高热硬性；加入 V 能显著提高钢的硬度、耐磨性和热硬性。

高速钢的优良性能必须经过反复锻造和正确的热处理后才能达到。通过反复锻打，将特殊碳化物打碎且使其均匀分布，然后进行球化退火，改善可加工性，制成所需形状、尺寸的工具，再进行淬火、回火以获得优良性能。而淬火、回火工艺的好坏，决定着高速钢刀具的使用性能和寿命。图 3-42 所示为 W18Cr4V 的最终热处理工艺曲线。由热处理工艺曲线可知，与一般工具钢相比，高速钢淬火、回火的特点是淬火温度高，回火温度高且为多次回火。

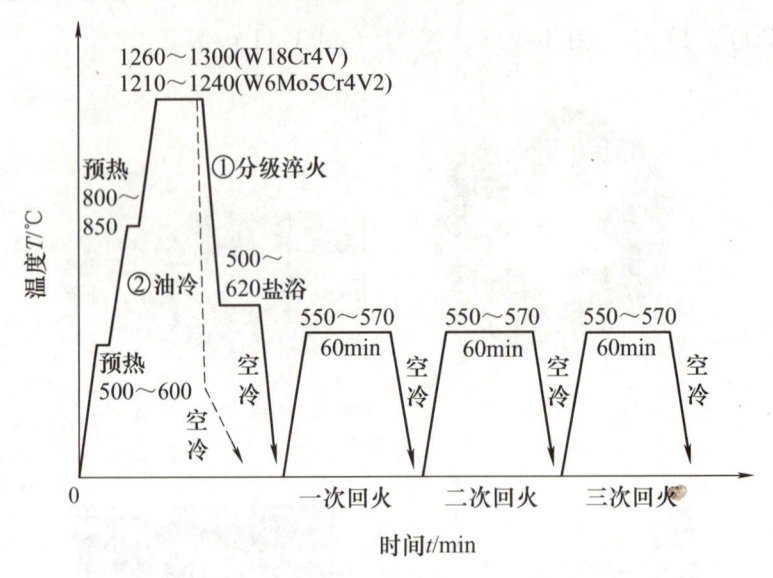

图 3-42　W18Cr4V 的最终热处理工艺曲线

因高速钢的合金元素含量高，导热性很差，淬火加热时为避免变形和开裂，必须进行预热。一次预热在 800~850℃ 进行，两次预热可在 500~600℃ 和 800~850℃ 分别进行。高速钢淬火加热温度很高，其目的是使大量的 W、V、Mo、Cr 等难溶碳化物溶于奥氏体，从而保证淬火、回火后获得很高的热硬性。但若温度过高，奥氏体晶粒会粗大，使钢的性能变坏，因此高速钢的淬火温度一般为 1200~1280℃。高速钢的淬火冷却常采用油冷或分级淬火。

高速钢淬火后的组织为马氏体、未溶粒状合金碳化物与大量残留奥氏体，残留奥氏体量多达 20%~30%，一次回火难以消除，经过第二、第三次回火，可使残留奥氏体降至 1%~2%。另外，残留奥氏体在回火中析出碳及合金元素，形成特殊碳化物，并向回火马氏体转变，同时淬火马氏体也析出细小碳化物，所以，高速钢经过三次回火后，产生二次硬化，导致硬度略有提高。高速钢回火后的组织为极细小的回火马氏体、均匀分布的细粒状合金碳化物和极少量的残留奥氏体。

由于高速钢具有高的强度、硬度、耐磨性和较高的热硬性，故广泛用于制造切削速度较高的刀具，如车刀（图 3-43）、铣刀（图 3-44）、钻头（图 3-45）和形状复杂、载荷较重的成形刀具（如齿轮铣刀、拉刀等）。此外，高速钢还应用于冷模具及某些耐磨件的制造。常用高速钢的牌号、性能特点和用途见表 3-7。

图 3-43　车刀

图 3-44　铣刀

图 3-45　钻头

表 3-7　常用高速钢的牌号、性能特点和用途

类　别	典型牌号	性能特点	用　途
钨系高速钢	W18Cr4V	热硬性较高、淬透性好、脱碳敏感性小、较好韧性、耐磨性好、热塑性低、热导率小	广泛用于制作工作温度在600℃以下的各种复杂刀具，如成形车刀、螺纹铣刀、拉刀、齿轮刀具等，也用于制作麻花钻、铣刀和机用丝锥等。适用于加工软或中等硬度的材料
钨钼系高速钢	W6Mo5Cr4V2	热塑性、使用状态的韧性和耐磨性均优于钨系高速钢，磨削加工性稍次于W18Cr4V，脱碳敏感性较大	广泛用于制造承受较大冲击力的刀具，如铣刀、拉刀、插齿刀、钻头等

（2）合金模具钢　用于制造冲压、锻造、成形的压铸模具等的钢统称为合金模具钢。按工作条件不同，分为冷作模具钢和热作模具钢。

1）冷作模具钢。冷作模具钢用来制造使金属在冷态下变形的模具，如冷挤压模、冲模、拉丝模等，如图 3-46 所示的汽车车门模具。这些模具都要使金属在模具变形中产生塑性变形，因而受到很大的压力、摩擦或冲击。所以要求冷作模具钢具有高的硬度和耐磨性，并有足够的强度和韧性，大型模具还要有良好的淬透性和热处理变形小等特点。

图 3-46　汽车车门模具

小型冷作模具可采用碳素工具钢和低合金刀具钢或滚动轴承钢来制造，如 T10A、T12、9SiCr、CrWMn、9Mn2V 和 GCr15 等。

大型冷作模具一般采用 Cr12、Cr12MoV 等高铬钢制造。这类钢热处理后具有高的硬度、强度和耐磨性。

冷作模具钢的热处理一般为淬火后低温回火，以保证足够的硬度和耐磨性。

2）热作模具钢。热作模具钢用于制造使金属在高温下成形的模具，如热锻模、热挤压模和压铸型等，如图 3-47 所示的汽车曲轴模具。这类模具在工作时要求承受高温及较大冲击力和摩擦等，因此要求热作模具钢具有很高的韧性、耐磨性、高的热强性、热硬性和高耐热疲劳性、导热性等，对大型模具还要求有好的淬透性。

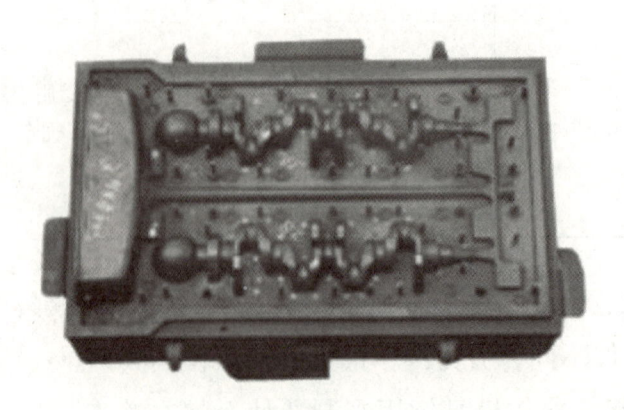

图 3-47　汽车曲轴模具

热作模具钢一般采用中碳合金钢制造，以保证良好的强度、硬度和韧性。加入 Cr、Ni、Mn、Si 等的目的是强化钢的基体和提高淬透性；加入 W、Mo、V 等是为了提高钢的热强性和耐磨性。目前常采用 5CrMnMo 和 5CrNiMo 制作热锻模，采用 3Cr2W8V 制作热挤压模和压铸型。

热作模具钢的最终热处理是淬火后中温回火（或高温回火），以保证足够的韧性。

（3）合金量具钢　量具是测量工件的工具，如千分尺、游标卡尺、量规等。量规在工作时主要受摩擦、磨损作用，因此要求合金量具钢具有高的硬度、耐磨性，高的尺寸稳定性和足够的韧性。

合金量具钢没有专用钢种，目前低合金刀具钢、滚动轴承钢、碳素工具钢和渗碳钢均可作为合金量具钢。尺寸较小、形状简单的量具可用非合金钢来制造；对于精密量具，一般采用微变形合金工具钢制造，如 CrWMn、CrMn 及 GCr15 等。

常用合金量具钢的牌号、热处理方法及用途见表 3-8。图 3-48 所示为卡规，图 3-49 所示为量规，图 3-50 所示为量块。

表 3-8　常用合金量具钢的牌号、热处理方法及用途

牌　　号	热处理方法	用　　途
CrWMn、9Mn2V、GCr15	淬火-低温回火-冷处理-时效处理	高精度量规、量块
T10A、T12A	淬火-低温回火	一般量规、量块
15钢、20钢、15Cr、20Cr	渗碳-淬火-低温回火	简单的平样板、卡规、钢直尺

图 3-48　卡规　　　　　　图 3-49　量规　　　　　　图 3-50　量块

5. 特殊钢

特殊钢是指用作特殊用途,具有特殊的物理、化学性能的钢,如不锈钢、耐热钢、耐磨钢等。

(1) 不锈钢　通常将具有抵抗大气或其他介质腐蚀的钢称为不锈钢。常用的不锈钢主要有铬不锈钢和铬镍不锈钢。

1) 铬不锈钢。要达到耐蚀不生锈的目的,钢中的铬的质量分数必须不小于13%。常用铬不锈钢有12Cr13、20Cr13、30Cr13、40Cr13等。钢中的Cr使钢具有良好的耐蚀性,而碳则保证钢有适当的强度。但随着碳的质量分数的增加,钢的强度、硬度、耐磨性提高,韧性、耐蚀性则下降。这类钢具有良好的耐大气、海水、蒸汽等介质腐蚀的能力,故主要用于制造在腐蚀介质中工作的机械零件和工具。铬不锈钢的牌号、性能、热处理方法和用途见表3-9。

表3-9　铬不锈钢的牌号、性能、热处理方法和用途

牌　号	性　能	热处理方法	用　途
12Cr13、20Cr13	硬度不高,塑性、韧性较好,有磁性	淬火-高温回火	在弱腐蚀条件下,硬度要求不高或受冲击载荷的零件及家用物品,如茶杯、刀具、螺栓、结构架、汽轮机叶片等
30Cr13、68Cr17	强度、硬度、耐磨性较高,有磁性	淬火-低温回火	要求不生锈的弹簧、滚动轴承、量具、医疗器械(图3-51)以及在弱腐蚀条件下工作、强度要求较高的耐蚀零件
10Cr17、10Cr17Mo	耐蚀性、塑性、焊接性较好,强度低、有磁性	不能热处理硬化,可冷加工硬化	主要制作化工设备,如容器、管道等

2) 铬镍不锈钢。铬镍不锈钢中铬的质量分数为18%,镍的质量分数为8%,碳的质量分数很低,又简称为18-8不锈钢。合金元素Ni可使钢在室温下呈单一奥氏体组织,Cr和Ni使钢具有很好的耐蚀性和耐热性、较高的塑性和韧性。

铬镍不锈钢采用的热处理方法是固溶处理,即将钢加热到1100℃,使碳化物溶解在奥氏体中,然后水淬快冷至室温,得到单相奥氏体组织(故又称奥氏体不锈钢)。经固溶处理后具有高的耐蚀性、塑性和韧性,但强度不高。因此,铬镍不锈钢主要用于制造强腐蚀介质(如盐酸、硝酸及碱溶液)条件下工作的结构零件,如化工厂的反应釜(图3-52)、吸收塔、贮槽,也广泛用作装潢、装饰材料。

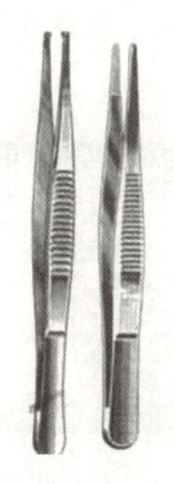

图 3-51　医疗器械　　　　图 3-52　化工厂的反应釜

铬镍不锈钢无铁磁性，磁铁吸不起来。通过这种特性，可把它与铬不锈钢区别开来。

常用的铬镍不锈钢有 12Cr18Ni9、06Cr19Ni9NbN、07Cr19Ni11Ti 等。

（2）耐热钢　实验研究表明，一般钢材加热到 560℃ 以上时，其表面就会发生氧化作用，生成松脆多孔的 FeO，从而起皮脱落，并使强度明显下降，最终导致零件破坏。而航空、火力发电站、发动机等设备中的许多零件在高温下工作，这就要求具有良好的耐热性。通常把在高温条件下，具有抗氧化性和足够的高温强度及良好耐热性能的钢称为耐热钢。耐热钢可分为抗氧化钢和热强钢两类。

1）抗氧化钢。在高温下有较好的抗氧化能力，并有一定强度的钢称为抗氧化钢。这类钢主要用于长期在高温下工作，但强度要求不高的零件，如各种加热炉的炉底板（图 3-53）、渗碳处理用的渗碳箱等。

抗氧化钢中加入的合金元素为 Cr、Si、Al 等，它们在钢表面形成致密的、高熔点的、稳定的氧化膜。该氧化膜严密而牢固地覆盖在钢的表面，使钢与高温氧化气体隔绝，从而避免了钢的进一步氧化。常用的抗氧化钢有 42Cr9Si2 等。

2）热强钢。在高温下具有良好的抗氧化性，并有较高的高温强度的钢称为热强钢。通常加入 W、Mo、Ti、V 等合金元素，以提高钢的高温强度。常用的热强钢有 45Cr14Ni14W2Mo，其可以制造在 600℃ 以下工作的零件，如汽轮机叶片（图 3-54）、大型发动机排气阀等。

（3）耐磨钢　耐磨钢主要用于制作承受严重摩擦和强烈冲击的零件，如破碎机的颚板、挖掘机铲齿（图3-55）、拖拉机履带（图3-56）、铁路道岔（图3-57）、防弹钢板、球磨机衬板等。

图3-53　加热炉的炉底板

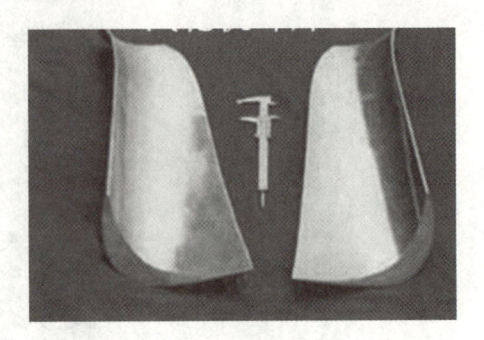

图3-54　汽轮机叶片

图3-55　挖掘机铲齿

图3-56　拖拉机履带

图3-57　铁路道岔

高锰钢 ZGMn13 是典型的耐磨钢。高锰钢是一种铸钢，碳的质量分数为 0.9%～1.4%，锰的质量分数为 11%～14%。碳的质量分数高可以提高耐磨性，锰的质量分数高可以保证热处理后得到单相奥氏体。

热处理后的耐磨钢硬度很低（180～220HW），塑性、韧性很好。但在受到强烈冲击、强大压力和剧烈摩擦时，表面因塑性变形会产生强烈的加工硬化，使表面硬度达到50HRC以上，从而获得高的耐磨性，而心部仍保持高的塑性和韧性。当旧的表面磨损后，露出的新的表面又在冲击和摩擦的作用下形成新的耐磨层。

所以这种钢具有很高的耐磨性和抗冲击能力。但这种钢只有在受强大压力、强烈冲击和剧烈摩擦条件下，才具有高的耐磨性，在一般工作条件下并不耐磨。

由于高锰钢极易产生加工硬化，难以进行切削加工，故应尽量避免对铸件进行加工。铸件上的孔、槽尽可能铸出。

常用的耐磨钢牌号有 ZGMn13-1、ZGMn13-2、ZGMn13-3 和 ZGMn13-4。

材海史话

泰坦尼克号的命运

泰坦尼克号（RMS Titanic）是一艘奥林匹克级游轮，于1912年4月处女航时撞上冰山后沉没。泰坦尼克号由位于爱尔兰岛贝尔法斯特的哈兰德与沃尔夫造船厂兴建，是当时最大的客运轮船。在处女航中，泰坦尼克号从英国南安普敦出发，途经法国瑟堡-奥克特维尔及爱尔兰昆士敦，计划中的目的地为美国纽约。1912年4月14日，船上时间夜里11点40分，泰坦尼克号撞上冰山；2h40min后，即4月15日凌晨2点20分，船裂成两半后沉入大西洋。泰坦尼克号海难为和平时期死伤人数最惨重的海难之一，同时也是最为人所知的海上事故之一。泰坦尼克号迅速沉没的原因有多种，其中之一就是因当时的炼钢技术并不十分成熟，炼出的钢按现代的标准来说根本不适合造船。造船工程师只考虑到要增加钢的强度，而没有想到要增加其韧性。把残骸的金属碎片与如今的造船钢材做一对比试验，发现在其沉没地点的水温中，如今的造船钢材在受到撞击时可弯成V形，而残骸上的钢材则因韧性不够而很快断裂。由此发现了钢材的冷脆性，即在-40~0℃的温度下，钢材的力学性能由韧性变成脆性，从而导致灾难性的脆性断裂。而用现代技术炼的钢只有在-70~-60℃的温度下才会变脆。不过不能责怪当时的工程师，因为当时谁也不知道，为了增加钢的强度而往炼钢原料中增加大量硫化物会大大增加钢的脆性，以致酿成了"泰坦尼克号"沉没的悲剧。另据美国《纽约时报》报导，一个海洋法医专家小组对打捞起来的"泰坦尼克号"船壳上的铆钉进行了分析，发现固定船壳钢板的铆钉里含有异常多的玻璃状渣粒，因而使铆钉变得非常脆弱、容易断裂。在船体逐步下沉的过程中，脆弱的船身便迅速发生破裂，这时的船体上层几乎已散架。因此，虽然泰坦尼克号设计先进，却未能逃脱沉没的厄运。

实践训练

一、填空题

1. 按碳的质量分数高低分类,非合金钢可分为_____碳钢、_____碳钢和_____碳钢三类。

2. 结构钢常用于制造_____;工具钢常用于制造_____。

3. 碳素结构钢牌号的含义:Q 表示_____;Q 后面的数字表示_____;数字后面的 A、B、C、D 表示_____;牌号末尾的"F"表示_____。

4. 45 钢中碳的质量分数为_____,按碳的质量分数分类属于_____钢,按质量分类属于_____钢,按用途分类属于_____钢。

5. 非合金钢可分为碳素结构钢、_____钢、碳素工具钢和铸造碳钢。Q235AF 属于_____钢,T12 属于_____钢。

6. 非合金钢随着碳的质量分数的增加,其断后伸长率_____,断面收缩率_____,冲击韧性_____,冷弯性能_____,硬度_____,焊接性_____。

7. 60Si2Mn 表示_____;9Mn2V 表示_____;Cr12 表示_____。

8. 40Cr 是一种_____,加入 Cr 元素,一个作用是_____,另一个作用是_____,其最终热处理是_____。

9. W6Mo5Cr4V2 中,加入 W 和 Mo 的主要作用是提高钢的_____,加入 Cr 的主要作用是提高钢的_____,加入 V 能显著提高钢的_____、_____和_____。

10. 30Cr13 中,碳的质量分数为_____,铬的质量分数为_____;06Cr19Ni10 中,碳的质量分数为_____,铬的质量分数为_____,镍的质量分数为_____。

二、选择题

1. 碳的质量分数为 0.45% 的钢属于(   );碳的质量分数为 1.0% 的钢属于(   );碳的质量分数为 0.1% 的钢属于(   );碳的质量分数为 0.65% 的钢属于(   )。

A. 低碳钢　　　　B. 中碳钢　　　　C. 高碳钢

2. 普通钢的硫的质量分数应控制在（　　），磷的质量分数应控制在（　　）。

A. ≤0.050%　　B. ≤0.045%　　C. ≤0.035%　　D. ≤0.030%

3. 碳素工具钢中碳的质量分数一般都（　　）。

A. <0.7%　　　B. >0.7%　　　C. =0.7%

4. 08钢中碳的质量分数为（　　）。

A. 0.08%　　　B. 0.8%　　　　C. 8.0%　　　　D. 80%

5. 45钢按碳的质量分数分类属于（　　）。

A. 低碳钢　　　　B. 中碳钢　　　　C. 高碳钢

6. 制造铁钉、铆钉、垫块及轻负荷的冲压件，应选用（　　）。

A. Q195　　　　B. 45钢　　　　C. T12A　　　　D. 65Mn

7. 制造锉刀应选用（　　）。

A. T7A　　　　B. T10　　　　C. T13

8. 合金钢制造的刀具的工作温度最高可达（　　）。

A. 200℃　　　B. 250℃　　　C. 600℃　　　D. 1000℃

9. Cr2MoV按碳的质量分数分类为（　　）。

A. 低碳钢　　　　B. 中碳钢　　　　C. 高碳钢

10. GCr15中铬的质量分数为（　　）。

A. 15%　　　　B. 1.5%　　　　C. 0.15%

11. 汽车变速齿轮应选用（　　）制造，机床主轴应选用（　　）制造，钢板弹簧应选用（　　）制造，大型厂房主要构件和支撑部件选用（　　）。

A. 60Si2Mn　　B. Q390　　　C. 20CrMnTi　　D. 40Cr

E. GCr15

12. 下列材料中，属于合金渗碳钢的是（　　）。

A. GCr15SiMn　　B. 20Cr　　　C. 38CrMoAl　　D. 50CrV

13. 制造直径为30mm的连杆，要求整个截面上具有良好的综合力学性能，应选用（　　）。

A. 45钢经正火处理　　　　　　B. 60Si2Mn经淬火+中温回火

C. 40Cr经调质处理

14. 可用于制造刀具、冷模具和量具，有微变形钢之称的是（　　）。

A. T10　　　　B. 9SiCr　　　　C. CrWMn　　　　D. W18Cr4V

15. 切削加工困难，基本上在铸态下使用的钢是（　　）。

A. 高速钢　　　B. 耐热钢　　　C. 耐磨钢　　　D. 不锈钢

三、简述题

1. 现有40钢和40Cr两种钢材混装在一起，请你想一想采用哪些方法可以把它们鉴别出来？

2. 12Cr18Ni9板材中混入12Cr13板材，请你想一想怎样找出12Cr3板材？

第二节　铸铁的牌号、性能及应用

课堂思考：

1. 你知道如何区分钢和铸铁吗？

2. 熟知的轴类零件可以用什么金属材料制作？

铸铁是碳的质量分数大于2.11%，并比非合金钢含有较多硅、锰、硫、磷等元素的铁碳合金。铸铁价格便宜，有许多优良的使用性能和工艺性能，并且生产设备和工艺简单，所以应用非常广泛，可以用来制造各种机械零件，如机床的床身、主轴箱，内燃机气缸体、缸套、活塞环、曲轴、凸轮轴、轧钢机的轧辊及机器的底座。据统计，在农业机械中，铸铁件占40%~70%，在机床和重型机械中，则达到60%~90%。

虽然铸铁有较多的优点，但由于其强度较低，塑性与韧性较差，所以铸铁不能够通过锻造、轧制、拉丝等方法加工成形。

一、铸铁的分类、性能与牌号表示法

1. 铸铁的分类

（1）根据碳的存在形式不同分类　根据铸铁中碳的存在形式不同，铸铁可分为以下几种。

1）白口铸铁。碳主要以游离Fe_3C形式存在的铸铁，断口呈银白色，故称为白口铸铁。此类铸铁组织中存在大量的莱氏体，硬而脆，切削加工较困难。除少

数用来制造不需加工的硬度高、耐磨的零件外,主要用作炼钢原料。

2)灰口铸铁。碳主要以片状石墨形式析出的铸铁,断口呈灰色,故称为灰口铸铁。它有许多优良的性能,是应用最广泛的一类铸铁。

3)麻口铸铁。碳部分以游离 Fe_3C 形式析出,部分以石墨形式析出的铸铁,断口呈灰白色相间,成麻点,故称麻口铸铁。它是灰铸铁和白口铸铁的过渡组织,没用应用价值。

(2)根据铸铁中的石墨形态分类

1)灰铸铁。铸铁中石墨以片状或曲片状形态存在。这类铸铁有一定的强度、耐磨性、耐压性、减振性能均较好。

2)可锻铸铁。铸铁中石墨主要呈团絮状。它是用白口铸铁经长时间退火后获得的。这类铸铁强度较高,韧性好。

3)球墨铸铁。铸铁中的石墨大部分呈球状,称为球墨铸铁。这类铸铁强度高、韧性好。

4)蠕墨铸铁。铸铁中的石墨大部分呈蠕虫状。这类铸铁抗拉强度、耐压性、耐热性比灰铸铁有明显改善。

2. 铸铁的组织

灰铸铁、可锻铸铁、球墨铸铁和蠕墨铸铁是工业生产中常用的铸铁。从微观结构分析,常用铸铁组织是由两部分组成的,一部分是石墨,另一部分是金属基体。金属基体可以是铁素体、珠光体或铁素体加珠光体,相当于钢的组织。

由于石墨是碳原子按游离态构成的软松组织,其强度、硬度很低,塑性、韧性几乎为零,在铸铁中犹如裂纹和空洞,因此可以把常用铸铁组织看成是金属基体上布满了裂纹和空洞的钢。

3. 铸铁的优良性能

因常用铸铁组织中的石墨割裂了金属基体,破坏了金属基体的连续性,严重削弱了金属基体的强度、塑性和韧性,所以常用铸铁的力学性能明显比钢差。然而,由于石墨的存在使铸铁具有了许多钢所不及的优良性能。

(1)铸造性能好 由于铸铁碳的质量分数高,成分接近于共晶。与钢比较,不仅熔点低,结晶区间小,而且流动性、收缩性、铸造性能好,所以适合浇注形状复杂的零件和毛坯。

(2)可加工性好 由于石墨割裂了金属基体的连续性,使铸铁的切屑容易脆断,且石墨对刀具有一定的润滑作用,使刀具磨损减少。

（3）减振性能好 由于铸铁在受到振动时石墨能起缓冲作用，阻止振动的传播，并把振动能转变为热能，减振能力比钢大十倍。因此，铸铁常用作承受振动的零件，如机床床身、机器的机架、底座等。

（4）减摩性能好 由于石墨本身有润滑作用，特别是它从铸铁表面脱落后所留下的孔隙能吸附和储存润滑油，使摩擦面上的油膜易于保持而具有良好的减摩性。因此，工业上常用铸铁制造机床导轨、车轮制动片等。

（5）缺口敏感性小 铸铁中石墨本身就相当于很多小的缺口，所以对外加的缺口并不敏感。

铸铁除具有上述"两好、两减、一小"的优良性能外，还有资源丰富、成本低廉、价格便宜等优点，因而在机械制造中得到了广泛应用。

4. 铸铁的牌号表示法

铸铁的牌号表示法见表 3-10。

表 3-10 铸铁的牌号表示法

铸铁名称	石墨形态	基体组织	编号方法	牌号实例
灰铸铁	片状	F	HT + 一组数字 HT 表示灰铸铁代号；数字表示最低抗拉强度值，单位 MPa	HT100
		F + P		HT150
		P		HT200
可锻铸铁	团絮状	F	KTH + 两组数字、 KTB + 两组数字、KTZ + 两组数字	KTH300 - 06
		表 F、心 P	KTH、KTB、KTZ 分别为黑心、白心、珠光体可锻铸铁代号；第一组数字表示最低抗拉强度值，单位 MPa；第二组数字表示最低断后伸长率值（%）	KTB350 - 04
		P		KTZ450 - 06
球墨铸铁	球状	F	QT + 两组数字 "QT"表示球墨铸铁代号；第一组数字表示最低抗拉强度值，单位 MPa；第二组数字表示最低断后伸长率值（%）	QT400 - 15
		F + P		QT600 - 3
		P		QT700 - 2
蠕墨铸铁	蠕虫状	F	RuT + 一组数字 "RuT"表示蠕墨铸铁代号；数字表示最低抗拉强度值，单位 MPa	RuT300
		F + P		RuT350
		P		RuT500

二、铸铁的石墨化及影响因素

铸铁中的碳以石墨形式析出的过程称为石墨化。在铁碳合金中，碳有两种存在形式，其一是渗碳体，其碳的质量分数为 6.69%；其二是石墨，用符号"G"表示，其碳的质量分数为 100%。石墨具有低的强度、塑性和韧性。影响石墨化的主要因素是铸铁的成分和冷却速度。

1. 成分的影响

铸铁中的各种元素，按其对石墨化的作用可分为两类：一类是促进石墨化的元素，另一类是阻碍石墨化的元素。

碳和硅是强烈促进石墨化的元素。碳、硅的质量分数越高，石墨化越充分，越易获得灰口组织，其他促进石墨化的元素还有铝、镍、铜、钴和磷等。

硫是强烈阻碍石墨化的元素。硫使碳以渗碳体的形式存在，促进铸铁白口化。其他阻碍石墨化的元素有锰、铬、钨、钼、钒等。

2. 冷却速度的影响

一定成分的铸铁，其石墨化程度取决于冷却速度。冷却速度越慢，越有利于石墨化过程的进行；冷却速度越快，析出渗碳体的可能性越大。

影响冷却速度的因素主要有浇注温度、铸件壁厚、铸件材料等。其他条件相同时，提高浇注温度，可使铸型温度升高，冷却速度减慢；铸件壁厚越大，冷却速度越慢；铸件材料导热性越差，冷却速度越慢。由图 3-58 可见，铸件壁厚越薄，碳、硅的质量分数越低，越易形成白口组织。因此，调整碳、硅的质量分数及冷却速度是控制铸铁组织和性能的重要措施。

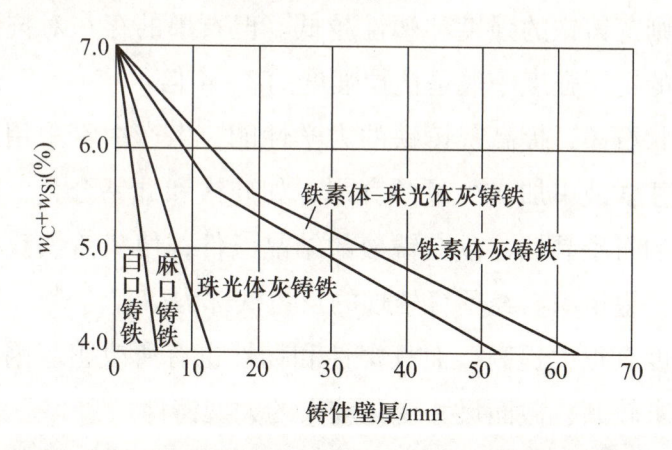

图 3-58 铸件壁厚（冷却速度）和碳、硅的质量分数对铸铁组织的影响

三、常用铸铁

1. 灰铸铁

灰铸铁是指石墨呈片状分布的铸铁。其产量约占铸铁总产量的 80% 以上。

(1) 化学成分、组织和性能　灰铸铁的各化学成分的质量分数大致是：w_C = 2.5%～4.0%，w_{Si} = 1.0%～2.5%，w_{Mn} = 0.5%～1.4%，w_S ≤ 0.15%，w_P ≤ 0.3%。

灰铸铁的组织可看作金属基体加片状石墨。按其基体组织不同分为三类，即铁素体灰铸铁、珠光体灰铸铁和铁素体-珠光体灰铸铁，其显微组织如图3-59所示。

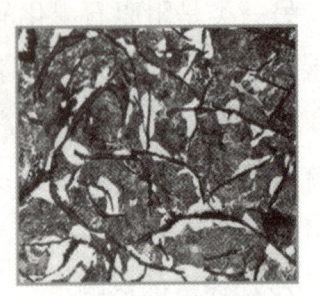

铁素体灰铸铁　　　　珠光体灰铸铁　　　　铁素体-珠光体灰铸铁

图3-59　灰铸铁的显微组织

灰铸铁的性能主要取决于基体的组织和石墨的形态、数量、大小及分布状况。其中基体组织主要影响灰铸铁的强度、硬度、耐磨性及塑性。由于石墨的强度和塑性很低，因此石墨的存在就像在钢的基体上分布着许多细小的裂缝和空洞，破坏了金属基体的连续性，减小了有效承载面积，并且在石墨尖角处易产生应力集中，所以灰铸铁的抗拉强度、塑性和韧性远不如钢。并且片状石墨越多、越粗大、分布越不均匀，则灰铸铁的强度和塑性越低。但石墨的存在对抗压强度和硬度影响不大，灰铸铁的抗压强度一般是抗拉强度的3～4倍。

为了细化片状石墨，提高灰铸铁的力学性能，生产中常采用孕育处理。即在铁液浇注之前，往铁液中加入少量孕育剂，如硅铁和硅钙合金，使铁液同时生成大量、均匀分布的石墨晶核，改变铁液的结晶条件，使灰铸铁获得细晶粒的珠光体基体和细片状石墨组织。经孕育处理的灰铸铁称为孕育铸铁，也称为变质铸铁。孕育铸铁不仅强度有很大提高，而且塑性和韧性也有所改善。因此，孕育铸铁常用作力学性能要求较高、截面尺寸变化较大的大型铸件。

(2) 热处理　灰铸铁可以通过热处理改变基体组织，但不能改变石墨的形态和分布，因而对提高灰铸铁的力学性能效果不大。其热处理的主要目的是减小铸件的内应力，改善可加工性，以及使铸件表面强化。灰铸铁常用的热处理方法如下。

1) 消除内应力退火（又称人工时效）。由于铸件形状复杂，壁厚不均匀，在铸件冷却过程中，铸件各个部位冷却不一致会产生较大的内应力。方法：将铸件加热到500～600℃，保温一段时间后随炉冷却至200℃以下出炉冷却，可消除铸件在冷却过程中因铸件各个部位冷却不一致而产生的较大内应力。

2）消除白口组织退火（又称软化退火）。铸件上的薄壁处或表层，由于冷却速度快，常出现白口组织，给切削加工带来困难，常用高温退火（石墨化退火）来降低硬度。方法：将铸件加热到850～900℃，保温2～5h，使白口组织中的渗碳体分解为石墨和铁素体，然后随炉冷却至400～500℃，再出炉空冷。热处理后，能达到降低硬度、改善可加工性的目的。

3）表面淬火。有些铸件如机床导轨、缸体内壁，因要求较高的表面硬度和耐磨性，要进行表面淬火。淬火后的硬度可达50～55HRC。常用的淬火方法有火焰淬火、感应淬火、接触电阻加热淬火等。

（3）用途　灰铸铁主要用于制造承受压力，要求减振、减摩，以及力学性能要求不高而形状复杂的零件，如机床床身（图3-60）、箱体（图3-61）、壳体、泵体、缸体（图3-62）。

图3-60　机床床身

图3-61　箱体

图3-62　缸体

2. 球墨铸铁

球墨铸铁是在铁液出炉后、浇注前加入一定量的球化剂（稀土镁合金等）和等量的孕育剂，使石墨呈球状析出而得到的。

(1) 化学成分、组织和性能

1) 球墨铸铁的各化学成分大致是：$w_C = 3.6\% \sim 3.9\%$，$w_{Si} = 2.0\% \sim 2.8\%$，$w_{Mn} = 0.6\% \sim 0.8\%$，$w_S < 0.04\%$，$w_P \leq 0.1\%$，$w_{Mg} = 0.03\% \sim 0.05\%$。

2) 按金属基体显微组织的不同，球墨铸铁可分为铁素体球墨铸铁、珠光体球墨铸铁、铁素体-珠光体球墨铸铁三种。球墨铸铁的显微组织如图3-63所示。

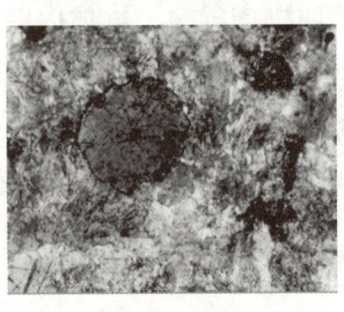

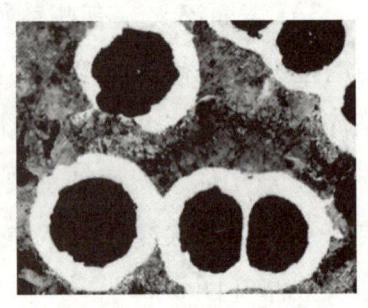

铁素体球墨铸铁　　　　珠光体球墨铸铁　　　　铁素体-珠光体球墨铸铁

图 3-63　球墨铸铁的显微组织

3) 球墨铸铁的强度、塑性与韧性都大大优于灰铸铁，力学性能可与相应组织的铸钢相媲美，其塑性、韧性比钢略低，其他性能与钢相近，屈服强度甚至超过钢。同时，球墨铸铁还具有铸造性好、可加工性好、减摩、减振、缺口敏感性小等优良性能。

(2) 热处理　由于球墨铸铁基体组织与钢相同，球状石墨又不易引起应力集中，因此它具有较好的热处理工艺性能。球墨铸铁常采用的热处理方法有退火、正火、调质、等温淬火等。

1) 退火。退火的主要目的是获得以铁素体为基体的球墨铸铁，以提高球墨铸铁的塑性和韧性，改善可加工性，消除内应力。

2) 正火。正火的主要目的是获得以珠光体为基体的球墨铸铁，以提高其强度、硬度和耐磨性。

3) 调质。调质的主要目的是获得以回火索氏体为基体的球墨铸铁，从而获得良好的综合力学性能，如柴油机连杆、曲轴等零件就需要进行调质处理。

4) 等温淬火。等温淬火是为了得到以下贝氏体为基体的球墨铸铁，从而获得高强度、高硬度、高韧性的综合力学性能,一般用于外形复杂、易开裂的零件,如齿轮、凸轮、凸轮轴等的热处理。

(3) 用途　由于球墨铸铁的力学性能可与钢媲美,并具有铸铁的优良性能。因此,球墨铸铁可以代替钢来制造受力大的构件;一些只能进行锻造的零件可以进行铸造;还可用于制造强度、硬度、韧性要求高,形状复杂的零件,如曲轴(图3-64)、传动齿轮、车床、铣床、磨床主轴、法兰、供水管道、运输容器(图3-65)等。由于球墨铸铁的价格比钢低,因此应用日益广泛,产量持续增长。

图3-64　曲轴

图3-65　运输容器

3. 可锻铸铁

可锻铸铁是由白口铸铁经石墨化退火,使渗碳体分解而获得团絮状石墨的铸铁。

(1) 化学成分、组织与性能

1) 为了保证铸铁在一般冷却条件下获得白口组织,又要在退火时容易使渗碳体分解,并呈团絮状石墨析出,要求严格控制铁液的化学成分。与灰铸铁相比,可锻铸铁中碳、硅的质量分数相对低些,以保证铸铁获得白口组织。一般来说,其$w_C = 2.2\% \sim 2.8\%$,$w_{Si} = 0.7\% \sim 1.8\%$。

2) 石墨化退火是将白口铸铁加热到900~980℃,经长时间保温,使组织中的渗碳体分解为奥氏体和团絮状石墨,然后缓慢降温,奥氏体将在已形成的团絮状石墨上不断析出。当冷却至共析转变温度（720～770℃）时，如果缓慢冷却，得到以铁素体为基体的可锻铸铁称为铁素体可锻铸铁，由于其断口呈黑绒状，并带有灰色外圈，故也称为黑心可锻铸铁；如果在共析转变温度时的冷却速度较快，则得到以珠光体为基体的可锻铸铁，称为珠光体可锻铸铁。可锻铸铁的显微组织如图3-66所示。

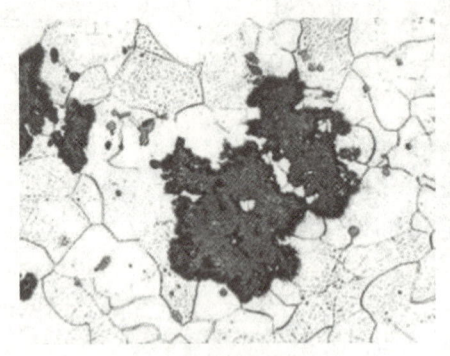

黑心可锻铸铁 　　　　　　　　　珠光体可锻铸铁

图3-66　可锻铸铁的显微组织

3）由于可锻铸铁中的石墨呈团絮状，对其钢基体的割裂作用较小，因此它的强度比灰铸铁高，塑性、韧性得到很大改善，但可锻铸铁并不能进行锻造。同时，钢基体不同，其力学性能也不一样，其中黑心可锻铸铁具有较高的塑性和韧性，而珠光体可锻铸铁则具有较高的强度、硬度和耐磨性。

（2）用途　可锻铸铁因具有较高的塑性和韧性，在生产和生活中主要用于制造形状复杂且承受冲击的中小型薄壁件，如汽车、拖拉机的前后轮壳、管接头（图3-67）、低压阀门、扳手（图3-68）等。

图3-67　管接头 　　　　　　　　　图3-68　扳手

4. 蠕墨铸铁

(1) 蠕墨铸铁的组织和性能　蠕墨铸铁中的石墨以蠕虫状形态存在，是在高碳、低硫、低磷的铁液中加入蠕化剂（稀土硅铁镁合金、稀土硅铁合金、稀土硅铁钙合金等），经蠕化处理后石墨变为短蠕虫状的高强度铸铁。蠕墨铸铁的显微组织如图3-69所示。蠕虫状石墨为互不连接的短片状，其石墨片的长厚比较小，端部较钝，其形态介于片状石墨和球状石墨之间，其力学性能也介于灰铸铁和球墨铸铁之间，导热性及抗氧化性和铸造性能优于球墨铸铁，接近灰铸铁。

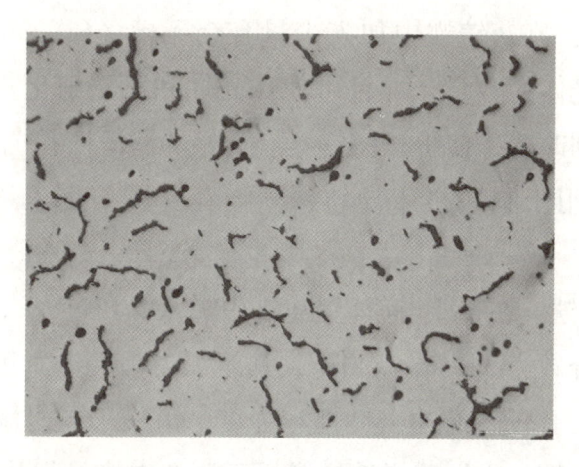

图3-69　蠕墨铸铁的显微组织

(2) 用途　由于蠕墨铸铁的性能优良，且熔炼、铸造工艺也较简单，成品率高，故特别适宜于制造承受热循环、抗热冲击，并要求组织致密、强度较高、形状复杂的大型铸件和大型机床零件，如钢锭模、玻璃模具（图3-70）、柴油机气缸、气缸盖、排气阀、液压阀的阀体、制动鼓（图3-71）、耐压泵的泵体等。

图3-70　玻璃模具

图3-71　制动鼓

5. 合金铸铁

工业上除了要求铸铁有一定的力学性能外，有时还要求它具有较高的耐磨性、耐热性和耐蚀性。为此，在普通铸铁的基础上加入一定量的合金元素，或提高硅、锰、磷等元素的含量，这种铸铁称为合金铸铁。它与特殊性能钢相比，熔炼简单、成本较低，缺点是脆性较大，力学性能不如钢。

（1）耐磨铸铁　有些零件如机床的导轨、托板，发动机的缸套，球磨机的衬板、磨球等，要求更高的耐磨性，一般铸铁满足不了工作条件的要求，应当选用耐磨铸铁（不易磨损的铸铁）。耐磨铸铁根据组织不同可分为下面几类。

1）耐磨灰铸铁。在灰铸铁中加入少量合金元素（Cr、Mo、V、P等），可以增加金属基体中珠光体的数量，并且可使珠光体和石墨细化。铸铁的强度和硬度升高，显微组织得到改善，使得该铸铁具有良好的润滑性和抗咬合、抗擦伤能力。耐磨灰铸铁广泛应用于制造机床导轨、气缸套（图3-72）、活塞环、凸轮轴等零件。

2）中锰球墨铸铁。在稀土-镁球墨铸铁中加入5.0%～9.5%（质量分数）的锰，控制硅的质量分数为3.3%～5.0%，其组织为马氏体+奥氏体+渗碳体+贝氏体+球状石墨，具有较高的冲击韧性和强度，适用于同时承受冲击和摩擦的工作条件，可代替高锰钢。中锰球墨铸铁常用于制造农机具耙片及犁铧（图3-73）、球磨机磨球等。

图3-72　气缸套　　　　图3-73　农机具耙片及犁铧

（2）耐热铸铁　耐热铸铁是指在高温下能抗氧化和生长，并能承受一定负荷的铸铁。它是向铸铁中加入一定量的Al、Si、Cr等元素，使铸铁表面形成致密的氧化膜而在高温下具有抗氧化、不起皮的能力。耐热铸铁主要用于制造加热炉的炉底板、炉门、炉栅、烟道挡板等，以及钢锭模和粉末冶金用坩埚等。

（3）耐蚀铸铁　耐蚀铸铁在腐蚀性介质中工作时具有较高的耐蚀性，主要加入大量的 Si、Al、Cr、Ni、Cu 等合金元素，使铸件表面形成牢固、致密而又完整的保护膜，阻止腐蚀继续进行，并提高铸铁基体的电极电位，提高铸铁的耐蚀性。

应用最广泛的耐蚀铸铁是高硅耐蚀铸铁，这种铸铁在含氧酸类和盐类介质中具有良好的耐蚀性，但在碱性介质和盐酸、氢氟酸中，因表面 SiO_2 保护膜被破坏，耐蚀性有所下降。耐蚀铸铁广泛应用于石油化工、造船等工业中，用来制造各种容器、管道（图 3-74）、阀门（图 3-75）等。

图 3-74　管道

图 3-75　阀门

材海史话

球墨铸铁的发展史

1947 年英国人 H. Morrogh 发现，在过共晶灰铸铁中附加铈，使其质量分数在 0.02% 以上时，石墨呈球状。1948 年美国人 A. P. Ganganebin 等研究指出，在铸铁中添加镁，随后用硅铁孕育，当镁的质量分数大于 0.04% 时，得到球状石墨。从此以后，开始了球墨铸铁的大规模工业生产。

球墨铸铁的发展速度是令人惊异的。1949 年全球球墨铸铁产量只有 5×10^5 t，1960 年为 53.5×10^5 t，1970 年增长到 500×10^5 t，1980 年为 760×10^5 t，1990 年达到 915×10^5 t，2000 年达到 1500×10^5 t。球墨铸铁的生产发展速度在工业发达国家特别快。

中国球墨铸铁生产起步很早，发展更为迅速。中国的球墨铸铁产量迅速增长，球墨铸铁占铸件总产量的比例已超过世界平均水平；质量水平逐年提高，应用范围不断扩大，球墨铸铁已广泛应用于我国国民经济各个领域，除传统的汽车、工程机械、铸管、风电外,近年来轨道交通件、液压件的应用上都有了较大的发展;中国对球墨铸铁新型材质(如硅强化高强度铁素体球墨铸铁、高强度高冲击韧性的低温球墨铸铁、耐热耐腐蚀高镍奥氏体球墨铸铁、高强度高塑性球墨铸铁等)的研究、应用取得了较大进展。适合中国国情的稀土镁球化剂的研制成功,铸态球墨铸铁以及奥氏体-贝氏体球墨铸铁等各个领域的生产技术和研究工作均达到了很高的技术水平。

结合国情,中国对稀土的球化作用进行了大量研制工作,发现稀土元素对常用的球墨铸铁成分(碳的质量分数为3.6%~3.8%,硅的质量分数为2.0%~2.5%)来说,很难获得像镁球墨铸铁那样完整、均匀的球状石墨;而且,当稀土量过高时,还会出现各种变态石墨,白口倾向也增大,但是,如果是高碳过共晶成分(碳的质量分数>4.0%),稀土残留量为0.12%~0.15%时,可获得良好的球状石墨。

根据中国铁质差、含硫量高(冲天炉熔炼)和出铁温度低的情况,加入稀土是必要的。球化剂中镁是主导元素,稀土一方面可促进石墨球化;另一方面克服硫及杂质元素的影响,以保证球化也是必须的。

(1) 稀土防止干扰元素破坏球化 研究表明,当干扰元素 Pb、Bi、Sb、Te、Ti 等的总质量分数为 0.05% 时,加入质量分数为 0.01%(残余量)的稀土,可以完全中和干扰,并可抑制变态石墨的产生。中国绝大部分的生铁中含有钛,有的生铁中钛的质量分数高达 0.2%~0.3%,但稀土镁球化剂由于能使铁中的稀土残留量达 0.02%~0.03%,故仍可保证石墨球化良好。如果在球墨铸铁中加入质量分数为 0.02%~0.03% 的 Bi,则几乎把球状石墨完全破坏;若随后加入质量分数为 0.01%~0.05% 的 Ce,则又恢复原来的球化状态,这是由于 Bi 和 Ce 形成了稳定的化合物。

(2) 稀土的形核作用 20 世纪 60 年代以后的研究表明,含铈的孕育剂可使铁液在整个保持期中增加球数,使最终的组织中含有更多的石墨球和更小的白口倾向。研究还表明,含稀土的孕育剂可改善球墨铸铁的孕育效果并显著提高抗衰退的能力。加入稀土可使石墨球数增多的原因可归结为:稀土可提供更多的晶核,但它与 Fe、Si 孕育相比所提供的晶核成分有所不同;稀土可使原来(存在于铁液中的)不活化的晶核得以长大,结果使铁液中总的晶核数量增多。

实践训练

一、填空题

1. 铸铁是碳的质量分数为_____的铁碳合金。工业上常用的铸铁的碳的质量分数一般为_____。铸铁中，碳可以_____的形式存在，也可以_____的形式存在。

2. 铸铁成分中的碳、硅、锰、硫、磷五种元素，其中_____和_____元素的含量越高，越有利于石墨化，而_____和_____元素为阻碍石墨化的元素。

3. 根据铸铁中碳的存在形式，铸铁可分为_____、_____和_____。

4. HT300 表示_____。

5. 灰铸铁按金属基体不同可分为_____灰铸铁、_____灰铸铁和_____灰铸铁。其中以_____灰铸铁的强度和耐磨性最好。

6. KTH350－10 表示_____；KTZ450－06 表示_____。

7. QT450－10 表示_____。

8. RuT300 表示_____。

二、选择题

1. 为促进铸铁石墨化，可采用（   ）。
   A. 提高碳的质量分数、硅的质量分数，并提高冷却速度
   B. 提高碳的质量分数、硅的质量分数，并降低冷却速度
   C. 降低碳的质量分数、硅的质量分数，并降低冷却速度
   D. 降低碳的质量分数、硅的质量分数，并提高冷却速度

2. 灰铸铁中的石墨形态为（   ）。
   A. 团絮状   B. 蠕虫状   C. 片状   D. 球状

3. 对于结构复杂的铸件，当要求具有良好的塑性和韧性时，应选用的材料是（   ）。
   A. HT200   B. 45 钢   C. Q235   D. ZG230－450

4. 为了提高灰铸铁的力学性能，生产上常采用的方法是（   ）。
   A. 表面淬火   B. 高温退火   C. 孕育处理

5. 可锻铸铁中的团絮状石墨是采用（　　）方法获得。

　　A. 从液体结晶　　　B. 由 Fe_3C 分解　　C. 经孕育处理

6. 球墨铸铁经（　　）热处理获得铁素体基体组织。

　　A. 退火　　　　　B. 正火　　　　　　C. 贝氏体等温淬火

7. 可用于制造发动机曲轴的铸铁是（　　）。

　　A. KTH300-06　　B. HT350　　　　　C. QT700-2

8. 排气管选用（　　），柴油机曲轴选用（　　），卧式机床床身选用（　　），汽车后桥外壳选用（　　）。

　　A. HT200　　　　B. KTH350-10　　　C. QT700-2　　　D. RuT300

三、简述题

1. 为什么薄壁铸件容易得到白口铸铁组织，而厚壁铸铁组织容易获得灰口的石墨化组织？

2. 铸铁与钢相比有哪些优良的性能？

3. 为什么球墨铸铁可以代替钢制造某些零件？

第三节　有色金属及其合金的牌号、性能及应用

课堂思考：

1. 在日常生活中，大家见过哪些有色金属？

2. 这些有色金属有哪些性能和用途？

在工业生产中,通常把铁及其合金称为黑色金属,把非铁金属及其合金称为有色金属。铝、铜、镁、钛、金、银等金属及其合金是人们非常熟悉的有色金属,其产量和用量不如黑色金属多,但由于其具有许多优良的特性,如特殊的电、磁、热性能,耐蚀性及高的比强度(强度与密度之比)等,已成为现代工业中不可缺少的金属材料。各种材料在汽车中占的重量百分比如图3-76所示。

图3-76 各种材料在汽车中占的重量百分比

有色金属的种类很多,本节主要介绍机械制造中广泛应用的铝、铜、钛及其合金、轴承合金、硬质合金等。

一、铝及铝合金

铝是地壳中含量最丰富的一种金属元素。由于铝的化学性质活泼,冶炼比较困难,直到100多年前,人类才制得纯度较高的铝。有很多人认为,铝是比较软的金属,只能用于生活用具,不能制造重要的机械零件,但事实并非如此,有很多重要的机械零件,如飞机机翼(图3-77)恰恰是用铝材制成的。

1. 工业纯铝

(1) 纯铝的性能 纯铝具有银白色金属光泽,熔点为660.4℃,具有面心立方晶格,无同素异构转

图3-77 飞机机翼

变、无磁性。铝还具有以下优良性能。

1）密度小。铝的密度为 $2.7 \times 10^3 \mathrm{kg/m^3}$，仅为铁密度的 1/3，是一种轻型金属。

2）导电、导热性能优良。铝的导电、导热性仅次于银和铜。电导率为铜的 62%，故铝广泛用来代替铜制作导体。

3）耐腐蚀。铝在大气中的耐蚀性强，这是由于铝能在表面形成致密的氧化膜（Al_2O_3），将其与大气隔离而防止表面进一步氧化，但铝对酸、碱和盐无耐蚀性。

4）塑性好。铝的 A_e 为 50%，Z 为 80%，能通过冷、热压力加工制成丝、线、片、棒、管、箔（0.2mm 以下的铝板称为铝箔）等型材。

(2) 纯铝的牌号及用途

1）按 GB/T 16474—2011 规定，纯铝牌号用 1×××四位数、字符组合系列表示。牌号的第二位表示原始纯铝（A）或改型纯铝（B～Y）；牌号的最后两位数字表示最低铝百分含量。当纯度为 99% 的纯铝精确到 0.01% 时，牌号的最后两位数字表示最低铝百分含量中小数点后面的两位。如 1A99 表示 99.99% 的纯铝，1A97 表示 99.97% 的纯铝。常用的纯铝有 1A99、1A97、1A95、1A93、1A90、1A85、1A80、1070、1030、1200 等。

2）工业纯铝的强度较低，R_m 为 80～100MPa，经冷变形后也只能提高至 150～250MPa，故工业纯铝难以满足结构零件的性能要求。纯铝主要用作食品、药品和烟草的包装（图 3-78），制作电线（图 3-79）、电缆、电器和散热器，配制铝合金及生活用品。

图 3-78　铝箔

图 3-79　电线

2. 铝合金

在工业纯铝中加入合金元素（主要有 Cu、Mn、Si、Mg、Zn 等，还有 Cr、Ni、Ti、Zr 等辅加元素）可以配成各种铝合金，使其既具有高强度又保持纯铝的优良特性。

按照铝合金的化学成分和加工工艺特点，可将铝合金分为变形铝合金和铸造铝合金两大类。

(1) 变形铝合金　变形铝合金在加热到较高温度时，可以得到均匀的单相固溶体，塑性较好，适于锻造、压延和拉伸，故称为变形铝合金。冶炼厂一般将变形铝合金加工成各种规格的型材（板、带、管、线等），如图 3-80 所示。

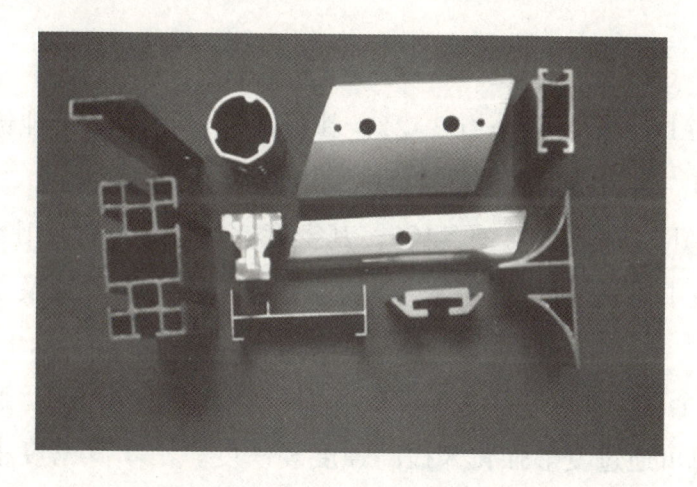

图 3-80　铝合金型材

按 GB/T 16474—2011 规定，变形铝合金牌号用四位数字、字符组合系列表示，牌号的第一、三、四位为数字。牌号中的第一位数字用主要元素 Cu、Mn、Si、Mg、Mg_2Si、Zn 的顺序来表示变形铝合金的组别，依其主要合金元素的排列顺序分别标示为 2、3、4、5、6、7；牌号中的第二位表示原始铝合金（A）或改型铝合金（B~Y）；后两位数字用以标识同一级别中的不同铝合金。如 2A11 表示 11 号铝铜合金，5A50 表示 50 号铝镁合金。

常用的变形铝合金有以下四种。

1) 防锈铝合金。主要是 Al-Mn 和 Al-Mg 系合金。它不能通过热处理强化，只能通过冷变形来提高。它强度适中、塑性优良，并具有很好的耐蚀性，抛光性好，能长时间保持表面光亮。防锈铝合金主要用于通过压力加工制造各种高耐蚀性、抛光性好的薄板零件（如电子、仪器的外壳、油箱）、防锈蒙皮，以及受力小、质轻、耐蚀的结构件。图 3-81 所示为防锈铝合金卫星天线，图 3-82 所示为防锈铝合金波纹管。在飞机、车辆、制冷装置和日用器具（如易拉罐、自行车挡泥板、炊具、压力锅等）中，防锈铝合金的应用也很广泛。

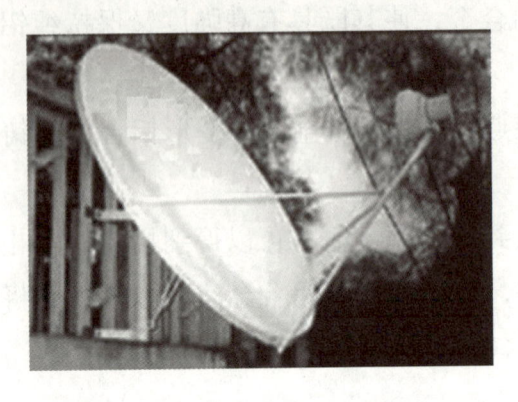

图 3-81　防锈铝合金卫星天线

图 3-82　防锈铝合金波纹管

① 常用的 Al-Mn 系合金有 3A21，其耐蚀性和强度高于纯铝，用于制造油罐、油箱、管道、铆钉等需要弯曲、冲压加工的零件。

② 常用的 Al-Mg 系合金有 5A05，其密度比纯铝小，强度比 Al-Mn 系合金高，在航空工业中得到了广泛应用，如制造管道、容器、铆钉及承受中等载荷的零件。

2) 硬铝合金。主要是 Al-Cu-Mg 系合金，并含少量 Mn。这类铝合金可通过时效强化，也可通过变形强化来提高强度和硬度。由于其密度小，比强度（强度与密度之比）与高强度钢（一般指 R_m 为 1000~1200MPa 的钢）相近，故名硬铝合金。

① 硬铝合金的耐蚀性远低于防锈铝合金，更不能耐海水腐蚀。所以硬铝板材的表面常包有一层纯铝，以增加其耐蚀性。

② 常用硬铝合金有 2A01、2A11、2A12 等，主要用于航空业制造中等强度的结构件，如螺旋桨、梁（图 3-83）、铆钉等。

3) 超硬铝合金。超硬铝合金是在硬铝的基础上加入锌而形成的 Al-Zn-Mg-Cu 系合金，并含有少量 Cr 和 Mn。与硬铝合金一样，超硬铝合金也可以通过时效强化显著提高强度。其比强度相当于超高强度钢（一般指 $R_m > 1400$MPa 的钢），故名超硬铝合金。超硬铝合金热态塑性好，但耐蚀性差，常用的有 7A04、7A09 等，主要用于制造工作温度较低、受力较大的结构件，如飞机起落架（图 3-84）等。

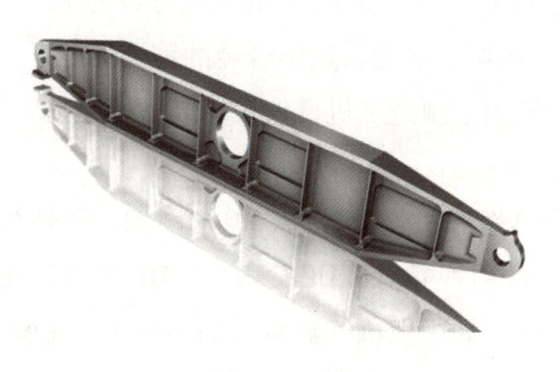

图 3-83　梁　　　　　　　　　图 3-84　飞机起落架

4) 锻铝合金。锻铝合金大多是 Al-Cu-Mg-Si 系合金。这类合金热处理后的性能与硬铝合金相近，有良好的热塑性及耐蚀性，更适合于锻造，故名锻铝合金。

由于锻铝合金的热塑性好，适合制造航空、汽车、机床等仪表工业中各种形状复杂、要求强度较高的锻件，如汽车控制臂、轿车轮辋（图 3-85）、内燃机活塞等。

另外还有 Al-Cu-Mg-Fe-Ni 系耐热锻铝合金，常用牌号有 2A70、2A80、2A90 等，用于制造在 150～225℃ 下工作的零件，如压气机叶片（图 3-86）、超音速飞机蒙皮等。

图 3-85　汽车轮辋　　　　　　图 3-86　压气机叶片

(2) 铸造铝合金　铸造铝合金的塑性较差，一般不进行压力加工，只用于成形铸造。按照主要合金元素的不同，铸造铝合金可分为 Al-Si 系、Al-Cu 系、Al-Mg 系、Al-Zn 系四类，其中以 Al-Si 系应用最为广泛。

铸造铝合金的牌号表示方法如下：如 ZAlSi7Mg，Z 为汉语拼音"铸"字的第一个大写字母，Al、Si、Mg 为元素符号，"7"表示 Si 的质量分数为 7%。

1) Al - Si 系。铝硅合金又称硅铝明。这类铸造铝合金的铸造性能好，具有优良的耐蚀性、耐热性和焊接性，一般用于制造飞机、仪表、电动机壳体、气缸体、风机叶片、发动机活塞（图 3-87）等。

2) Al - Cu 系。铝铜合金的耐热性好，强度较高；但密度大，铸造性能、耐蚀性差，强度低于 Al - Si 系合金。常用牌号有 ZAlCu5Mn、ZAlCu4 等，主要用于制造在较高温度下工作的高强度零件，如内燃机气缸盖（图 3-88）、汽车活塞等。

图 3-87　发动机活塞

图 3-88　内燃机气缸盖

3) Al - Mg 系。铝镁合金的耐蚀性好、强度高、密度小；但铸造性能差，耐热性低。常用牌号为 ZAlMg10、ZAlMg5Si1 等，主要用于制造外形简单、承受冲击载荷、在腐蚀性介质下工作的零件，如舰船配件、氨用泵体、鼓风机密封件（图 3-89）等。

4) Al - Zn 系。铝锌合金铸造性能好，强度较高，可自然时效强化；但密度大，耐蚀性较差。常用牌号为 ZAlZn11Si7、ZAlZn6Mg 等，主要用于制造形状复杂、受力较小的汽车、飞机、仪器中的零件和门锁（图 3-90）。

图 3-89　鼓风机密封件

图 3-90　门锁

二、铜及铜合金

1. 纯铜

纯铜呈玫瑰红色，表面形成氧化铜膜后，外观呈紫红色。由于纯铜用电解方法冶炼得到，故又称电解铜。纯铜密度为 $8.96 \times 10^3 kg/m^3$，熔点为 1083℃，具有面心立方晶格，无同素异构转变，无磁性。纯铜具有的优良性能如下。

（1）导电性、导热性好　纯铜的导电、导热性仅次于银。

（2）耐蚀性　由于铜的化学活泼性差，一般难与其他物质发生化学作用，因而在大气、淡水和冷凝水中有良好的耐蚀性。

（3）塑性好　纯铜的 A_e 为 50%，Z 为 70%，易于进行冷、热压力加工。

根据杂质含量不同，工业纯铜可分为 T1、T2、T3，纯度分别为 99.95%、99.90%、99.70%，牌号越大，纯度越低。纯铜强度、硬度不高，不宜用作结构材料，而主要用作导电材料，如电线和电缆、艺术品、加热器等，还可用来配制各种合金。纯铜及其合金对于制造不能受磁性干扰的磁学仪器，如软盘、航空仪表和炮兵瞄准环等具有重要价值。

2. 铜合金

工业上广泛应用的是铜合金。铜合金中常加元素为 Zn、Sn、Al、Mn、Ni、Fe、Be、Ti、Zr、Cr 等，既提高了强度，又保持了纯铜特性。按照合金的成分不同，铜合金主要分为黄铜、白铜和青铜三大类。图 3-91 所示为铜管，图 3-92 所示为铜与黄铜带。

图 3-91　铜管

图 3-92　铜与黄铜带

（1）黄铜　黄铜是以锌为主要合金元素的铜合金，因色黄而得名，图 3-93 所示为黄铜棒，图 3-94 所示为黄铜铸件。黄铜敲起来音色很好，又称响铜，因此锣、号、铃等都是用黄铜制造的。按化学成分的不同，黄铜可分为普通黄铜和复杂黄铜。

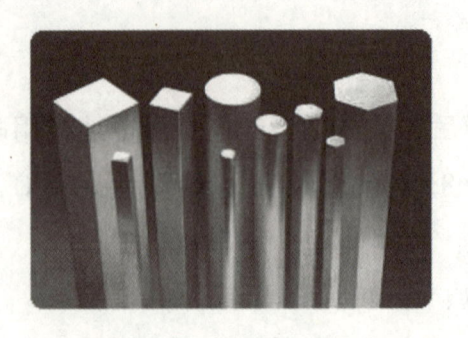

图 3-93　黄铜棒

图 3-94　黄铜铸件

1）普通黄铜。普通黄铜是铜锌合金，具有良好的耐蚀性、铸造性能，可加工性好。普通黄铜的力学性能随成分不同而变化，当锌的质量分数增加至 30%～32% 时，塑性最大；当锌的质量分数在 39%～45% 时，塑性下降而强度增高；但锌的质量分数超过 45%，其强度和塑性开始急剧下降，在生产中已无实用价值。

普通黄铜的牌号是"H（黄）+ 铜的质量分数"，如 H68 表示铜的质量分数为 68%、锌的质量分数为 32% 的普通黄铜。

常用的普通黄铜及其性能、应用如下。

① H90、H80。具有优良的耐蚀性、导热性和冷变形能力，并呈现美丽的金黄色，有金色黄铜之称，常用于镀层、艺术品装饰、奖章、钱币及散热器等。

② H70、H68。按成分称为七三黄铜，具有优良的冷、热塑性变形能力，适于用冲压（拉伸、弯曲）方法制造形状复杂而要求耐蚀的管、套类零件，如弹壳（图 3-95）、乐器、冷凝管（图 3-96）等。

图 3-95　弹壳

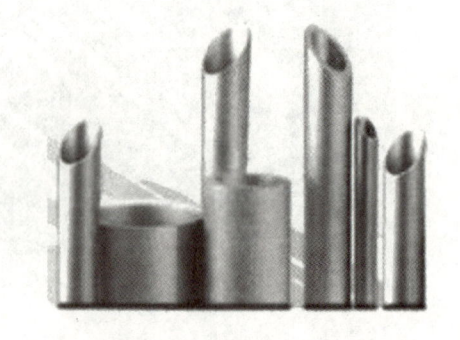

图 3-96　冷凝管

③ H62、H59。按成分称为六四黄铜。其强度较高，并有一定的耐蚀性，因含铜量少、价格便宜，故广泛用来制造电器上要求导电、耐蚀及强度适当的结构

件,如螺栓、螺母、弹簧及汽车机油泵衬套(图3-97)等,是应用广泛的合金,有商业黄铜之称。

图 3-97　汽车机油泵衬套

2)复杂黄铜。在普通黄铜的基础上加入其他合金元素可形成复杂黄铜。常加入的合金元素有 Al、Si、Mn、Pb、Sn 等,分别称为铝黄铜、硅黄铜、锰黄铜、铅黄铜和锡黄铜等。加入的合金元素均可提高黄铜的强度。锡、铝、硅、锰还可提高耐蚀性和减少"季裂",铅可改善可加工性和耐磨性,硅能改善铸造性能。

复杂黄铜的牌号是"H(黄)+主加元素符号(Zn除外)+铜的质量分数+主加元素质量分数",数字间以"-"隔开,如 HPb59-1 表示铜的质量分数为 59%,铅的质量分数为 1% 的铅黄铜。

复杂黄铜的常用牌号有 HPb59-1、HSi80-3、HSn62-1、HMn58-2 等,主要用于船舶及化工零件,如冷凝管、齿轮(图3-98)、螺旋桨、轴承、衬套及阀体等。

图 3-98　齿轮

(2)白铜　白铜是以镍为主要合金元素的铜合金,因色白而得名。按照化学成分的不同,白铜又分为普通白铜和复杂白铜。

1)普通白铜是 Cu-Ni 二元合金,由于铜和镍的晶格类型相同,在固态时能无限互溶,因而具有优良的塑性,还具有很好的耐蚀性和特殊的导电性能。

普通白铜牌号是"B+镍的质量分数",如 B5 表示镍的质量分数为 5% 的普通白铜。其常用牌号有 B5、B19 等,用于在蒸汽和海水环境下工作的精密机械、仪表零件以及冷凝器、蒸馏器、热交换器等。

2) 复杂白铜是在普通白铜基础上添加 Zn、Mn、Al 等元素形成的,分别称为锌白铜、锰白铜、铝白铜等。加入合金元素能改善白铜的力学性能、工艺性能和电热性能,以及某些特殊性能。复杂白铜的耐蚀性、强度和塑性较高,成本低。

复杂白铜的牌号用"B+第二主添加元素化学符号+数字"表示,"数字"之间用"-"隔开,以表示镍和加入元素的质量分数,如 BMn3-12 表示镍的质量分数为 3%,锰的质量分数为 12% 的锰白铜。常用牌号如 BMn40-1.5(康铜)、BMn43-0.5(考铜)。复杂白铜用于制造康铜热偶(图3-99)及医疗器械等。

(3) 青铜 青铜是除黄铜、白铜外其他铜合金的统称,图 3-100 所示为青铜阀门。青铜按主要添加元素种类分为锡青铜、铝青铜、硅青铜和铍青铜等。

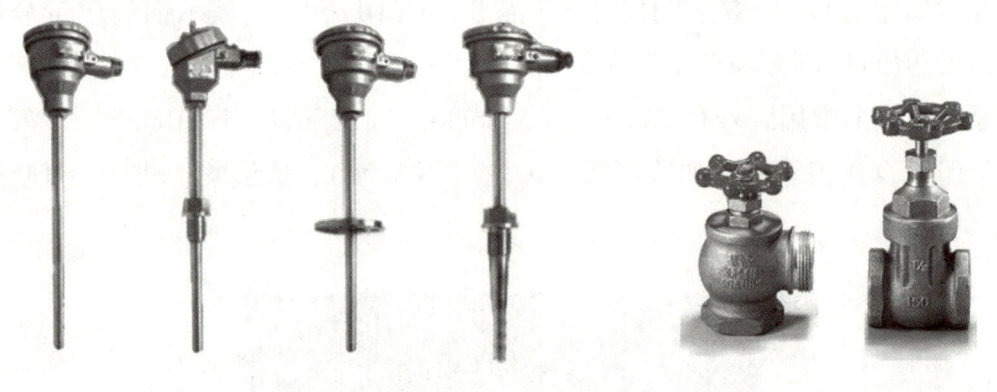

图 3-99 康铜热偶　　　　　　　图 3-100 青铜阀门

青铜的牌号是"Q+第一主添加元素化学符号及其平均质量分数+其他元素平均质量分数"。如 QSn4-3 表示锡的质量分数为 4%,锌的质量分数为 3%,铜的质量分数为 93% 的锡青铜。QAl7 表示铝的质量分数为 7%,铜的质量分数为 93% 的铝青铜。

1) 锡青铜。锡青铜是以锡为第一主添加元素的铜合金,它是人类历史上应用最早的合金,因铜与锡的合金呈青灰色而得名。我国古代遗留下的钟鼎、古镜等都由锡青铜制成。图 3-101 所示为锡青铜锭。锡的质量分数对锡青铜的室温组织和力学性能可产生很大影响,工业上使用的锡青铜锡的质量分数一般为 3%~14%。

锡青铜耐蚀性良好,在大气、海水及无机盐溶液中的耐蚀性比纯铜和黄铜好,但在硫酸、盐酸和氨水中的耐蚀性较差。其耐磨性、铸造性能也很好，广泛用于制造耐磨零件（如轴瓦、轴套、蜗轮），与酸、碱、蒸汽等接触的零件及艺术品。图3-102所示为船用青铜软管快速接头阀（锡青铜阀体、阀盖）。锡青铜的常用牌号有 QSn4-3、QSn6.5-0.4 等。

2）铝青铜。铝青铜是以铝为第一主添加元素的铜合金，铝青铜色泽美观、价格便宜。铝的质量分数一般在 5%～11%。其强度、硬度、耐磨性、

图 3-101　锡青铜锭

耐热性及耐蚀性高于黄铜和锡青铜，铸造性能好，但焊接性差。铝青铜通常可作为价格昂贵的锡青铜的代用品，广泛用于制造船舶、飞机及仪器中的高强、耐磨、耐蚀件，如齿轮、轴承、蜗轮、轴套、螺旋桨、抗磨环等。铝青铜的常用牌号有 QAl5、QAl7 等。

图 3-102　船用青铜软管快速接头阀（锡青铜阀体、阀盖）

3）铍青铜。以铍为主加元素的铜合金，铍的质量分数一般为 1.7%～2.5%。铍青铜一般以条、带和线等加工产品形式供应。

铍青铜经过淬火和人工时效后，具有高的强度、硬度，以及高的弹性极限、耐磨性和疲劳强度，此外还有好的耐蚀性、导电性、导热性、冷热加工性及铸造性能，但价格较贵。因此，铍青铜广泛用于电子、仪器、航空等工业部门制作各种重要的弹性件、耐磨件、防爆零件及其他重要零件，如精密弹簧、膜片和高速、高压轴承及防爆工具、航海罗盘等重要机件。图3-103所示为铍青铜制品。其常用牌号有 QBe2、QBe1.9、QBe1.7 等。

铍是稀少而贵重的战略物资，价格昂贵。铍青铜的生产工艺较复杂，成本高，

图 3-103　铍青铜制品

而且有毒，因而在应用上受到了限制。在铍青铜中加入钛元素，可减少铍的含量，降低成本，改善工艺性能。无铍的钛青铜是物理、化学、力学性能都接近于铍青铜的新型高强度合金，而且无毒，价格便宜。

三、钛及钛合金

目前，钛及钛合金的冶炼和使用已居金属材料的第三位，在现代工业中占有极其重要的地位。

1. 工业纯钛

纯钛呈银白色，熔点为1670℃，具有同素异构转变现象，882℃以下为密排六方晶格的α-Ti，882℃以上为体心立方晶格的β-Ti。钛具有以下优越性能。

(1) 密度小　钛的密度为 $4.5 \times 10^3 kg/m^3$，比铝重1.7倍，是一种较轻的金属。

(2) 塑性好　纯钛塑性好、强度低。

(3) 耐蚀性好　钛的化学性质极为活泼，但钛表面能生成一层致密的氧化膜，因而具有很好的耐蚀性。钛在海水、蒸汽中耐蚀性很强，超过铝合金、不锈钢，在工业、农业和海洋环境的大气中，历经数年，其表面也不会变色。

工业纯钛的牌号以"TA"加顺序号表示，"T"为钛的汉语拼音字首，顺序号越大，其杂质越多、强度升高、塑性下降。其牌号有TA1、TA2、TA3等。

工业纯钛主要用于制造350℃以下工作、强度要求不高的各种耐蚀、耐热零件，如飞机蒙皮、石油化工用热交换器、反应器、海水净化装置、舰船零部件，也可用于日常生活及医疗器械方面。

2. 钛合金

钛合金是以纯钛为基体，加入铝、锡、铬、锰、钒、钼等元素形成的合金。

钛合金具有比强度高、耐蚀性好、耐热性高等特点,世界上许多国家都认识到钛合金材料的优良性能和重要性,相继对其进行研究、开发。目前,钛合金在航空航天(图3-104、图3-105)、造船、医疗(图3-106)及民用产品(图3-107)中得到了广泛应用。

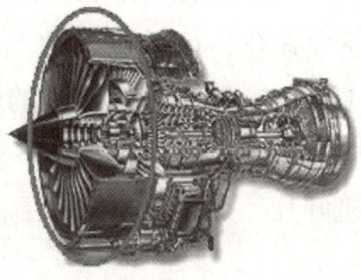

图 3-104　美 F-22 战机

图 3-105　飞机压气机叶片

图 3-106　钛合金人造骨

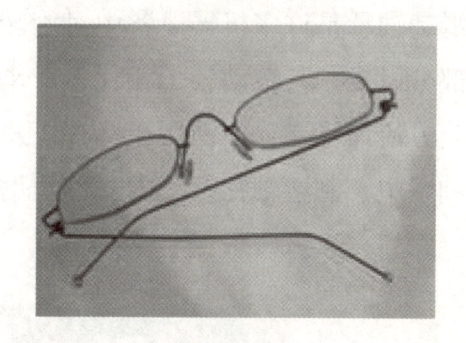

图 3-107　β 钛合金眼镜架

按退火组织不同,钛合金可分为 α 型钛合金、β 型钛合金和 α+β 型钛合金三类,它们的牌号分别用 TA、TB、TC 加顺序号表示。例如 TA5 表示 5 号 α 型钛合金、TB2 表示 2 号 β 型钛合金、TC4 表示 4 号 α+β 型钛合金。

(1) α 型钛合金

1) α 型钛合金主加元素为铝,还有锡、硼等。这类合金不能热处理强化,通常在退火状态下使用,组织为单相 α 固溶体。

2) α 型钛合金在室温下强度低于另外两类钛合金,但在 500~600℃ 高温条件下,具有高的强度、良好的塑性和焊接性,且组织稳定。因此,α 型钛合金主要用于制造在 500℃ 以下工作的零件,如飞机压气机叶片、导弹的燃料罐、超音速飞机的蜗轮机匣及飞船上的高压低温容器等。其常用牌号有 TA5、TA7 等。

(2) β 型钛合金　β 型钛合金中加入的合金元素主要有钼、铬、钒、铝等。

这类合金经淬火加时效处理后得到 β 固溶体组织，具有较高的抗拉强度、良好的塑性及焊接性，但其生产工艺复杂。β 型钛合金主要用于制造 350℃ 以下工作的结构件和紧固件，如飞机压气机叶片、轴、弹簧、轮盘等。β 型钛合金有 TB2、TB3、TB4 等牌号。

(3) α+β 型钛合金　α+β 型钛合金中加入的合金元素有铝、锡、钒、钼、铬等。这类合金可进行热处理强化，可适应各种不同的用途，应用广泛。其中 TC4 在 400℃ 以下使用时，具有较高的强度、良好的塑性和焊接性，且组织稳定，该合金使用量已占全部钛合金的 75%~85%。α+β 型钛合金主要用于制造在 400℃ 以下工作的飞机压气机叶片、火箭发动机外壳、火箭和导弹的液氢燃料箱部件及舰船耐压壳体等。

四、铸造轴承合金（简称轴承合金）

滑动轴承是许多机器设备中对旋转轴起支承作用的重要部件，由轴承体和轴瓦两部分组成。与滚动轴承相比，滑动轴承具有承载面积大、工作平稳、无噪声及拆装方便等优点，广泛用于高速、重载、受冲击、振动大和高精度的场合。在滑动轴承中，制造轴瓦及其内衬的耐磨合金称为轴承合金。图 3-108 所示为各种轴瓦。

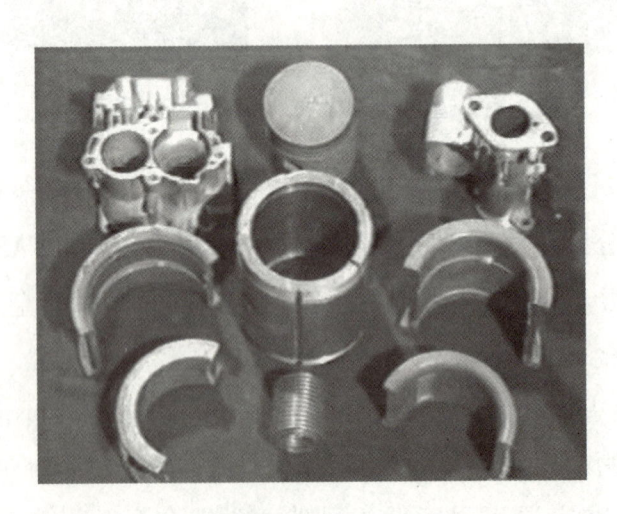

图 3-108　各种轴瓦

1. 轴承合金的组织性能要求

当轴高速旋转时，轴瓦与轴颈发生强烈摩擦，承受轴颈施加的交变载荷和冲击力。根据滑动轴承的这一工作特点，其应具有以下性能。

1) 足够的强度和硬度，以承受轴颈较大的压力。

2) 良好的耐磨性，较小的摩擦因数，以减少轴颈磨损。

3) 足够的塑性和韧性，较高的疲劳强度，以承受轴颈的交变冲击载荷。

4) 较小的热膨胀系数，良好的导热性和耐蚀性，以防止轴与轴瓦之间咬合。

5) 良好的磨合性，保证轴与轴瓦良好磨合。

为了满足轴承合金的上述性能要求，轴承合金的理想组织应由塑性好的软基体和均匀分布在软基体上的硬质点组成，或者硬基体上均匀分布着软质点。当轴承工作时，软基体的塑性、韧性好，能与轴颈磨合，并承受轴的冲击，被磨损的凹陷面能很好地储存润滑油，保证良好的润滑效果，减少轴颈的磨损。硬质点则相对凸起并支承着轴颈。

2. 常用轴承合金

工业上常用的轴承合金有锡基轴承合金、铅基轴承合金和铝基轴承合金。

(1) 锡基轴承合金（锡基巴氏合金）

1) 锡基轴承合金是以锡为主并加入少量锑、铜等元素形成的合金。该合金是软基体分布硬质点的轴承合金。图3-109所示为锡基轴承合金的显微组织，图中暗色部分为α固溶体，作为软基体；白色方块为化合物 $SnSb$，白色针状或星状部分为化合物 Cu_6Sn_5，作为硬质点。

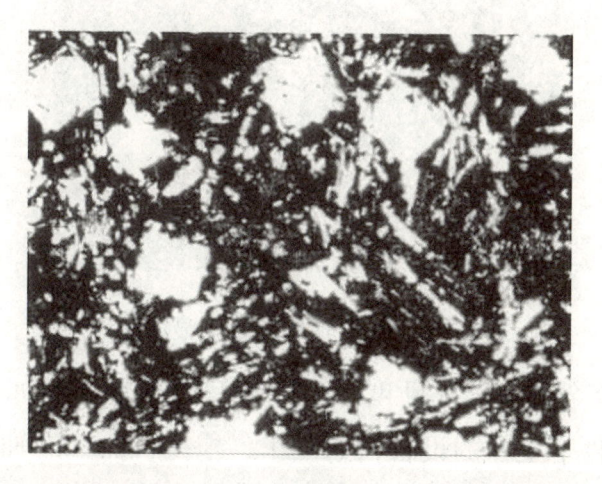

图3-109　锡基轴承合金的显微组织

2) 锡基轴承合金具有适中的硬度，小的摩擦因数，较好的塑性和韧性，优良的导热性、耐蚀性和嵌藏性等优点，故常用于重型动力机械，如汽轮机、涡轮机和内燃机等大型机器的高速轴瓦，图3-110所示为大型电机轴承与轴瓦，图3-111所示为内燃机轴瓦。但是锡是较贵金属，因此限制了它的广泛应用。

图 3-110　大型电机轴承与轴瓦　　　　　图 3-111　内燃机轴瓦

（2）铅基轴承合金（铅基巴氏合金）

1）铅基轴承合金是以铅、锑为基，加入锡、铜等元素的合金，也是软基体分布硬质点的轴承合金。图 3-112 所示为铅基轴承合金的显微组织，暗色部分为软基体共晶组织（α + β），硬质点是白色方块化合物 SnSb 及白色针状化合物 Cu_2Sn。

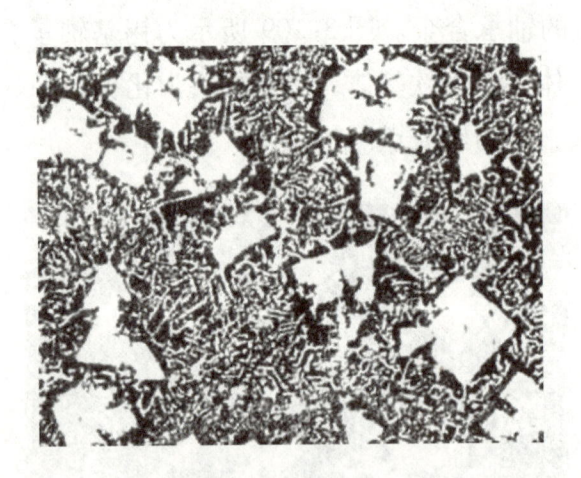

图 3-112　铅基轴承合金的显微组织

2）铅基轴承合金的强度、硬度、耐蚀性和导热性都不如锡基轴承合金，故只用于中等负荷条件下工作的设备，如汽车、拖拉机曲轴的轴承，电动机、空压机、减速器的轴承等。但由于其成本低，高温强度好，有自润滑性，在可能的情况下，应尽量代替锡基轴承合金。

（3）铝基轴承合金　铝基轴承合金密度小，耐热性、导热性、耐蚀性好，疲劳强度高，价格低，但线胀系数较大，抗咬合性差。目前采用的有铝锑镁轴承合金和高锡铝基轴承合金。这类合金并不直接浇注成形，而采用铝基轴承合金与低碳钢带（08 钢）复合轧成双金属带料，然后制成轴承。

1）铝锑镁轴承合金是以铝为基体，加入质量分数为 3.5%～4.5% 的锑和质量分数为 0.3%～0.7% 的镁而形成的合金。它同样为软基体分布硬质点的轴承合金，软基体为共晶体（Al + SbAl），硬质点为金属化合物 SbAl。由于镁的加入能使针状的 SbAl 变为片状，从而改善了合金的塑性和韧性，提高了屈服强度，目前已大量应用在低速柴油机的轴承上。

2）高锡铝基轴承合金是以铝为基本元素，加入质量分数为 20% 的锡和质量分数为 1% 的铜而形成的合金。其组织是在硬的铝基体上均匀分布着软的粒状锡质点。在合金中加入铜，以使其溶入铝中进一步强化基体，使轴承合金具有高的疲劳强度，良好的耐热、耐磨和耐蚀性。这种合金目前已在汽车、拖拉机、内燃机上广泛应用。

五、硬质合金

1. 硬质合金的性能特点

硬质合金是以一种或多种高硬度的难熔碳化物的粉末为主要成分，加入金属钴作为黏结剂，通过粉末冶金工艺制成的一种合金材料。它的性能特点如下。

1）硬度高、热硬性高、耐磨性好、抗压强度好。

2）抗弯强度高、韧性稍差、导热性差。

3）耐蚀性好、抗氧化性良好。

4）线胀系数小。

硬质合金的切削速度比高速钢高 2～3 倍，制造的刀具的寿命比高速钢高 5～80 倍，制造的模具、量具的寿命比合金工具钢高 20～150 倍，可切削 50HRC 左右的硬质材料。

由于硬质合金的硬度高、脆性大，不能进行机械加工，常制成一定规格的刀片，镶焊在刀体上使用。硬质合金不能用一般的加工方法加工，只能采用电加工（如电火花、线切割、电解磨削等）或用砂轮磨削。

2. 常用硬质合金

按化学成分和性能特点不同，硬质合金可分为钨钴类硬质合金、钨钴钛类硬质合金、钨钛钽（铌）类硬质合金（通用硬质合金）三类。

(1) 钨钴类硬质合金

1）钨钴类硬质合金的主要成分为碳化钨及钴，牌号为"YG + 数字"，YG 为

"硬钴"汉语拼音字首,数字表示钴的质量分数,如 YG6 表示钴的质量分数为 6%,余量为碳化钨的钨钴类硬质合金。同一类硬质合金中,钴的质量分数较高者适宜制造粗加工刀具;反之,则适宜制造精加工刀具。

2)钨钴类硬质合金的抗弯强度高,能承受较大的冲击,磨削加工性能较好,但热硬性较低,耐磨性较差,主要用于加工铸铁等脆性材料。

(2)钨钴钛类硬质合金

1)钨钴钛类硬质合金的主要成分为碳化钨、碳化钛及钴,牌号为"YT + 数字",YT 为"硬钛"汉语拼音字首,数字表示碳化钛质量分数,如 YT15 表示碳化钛的质量分数为 15%,其余为碳化钨和钴的硬质合金。

2)钨钴钛类硬质合金的热硬性高,耐磨性好,但抗弯强度较低,不能承受较大的冲击,磨削加工性较差,主要用于加工钢材等塑性材料。

(3)钨钛钽(铌)类硬质合金

1)钨钛钽(铌)类硬质合金又称通用硬质合金或万能硬质合金。它由碳化钨、碳化钛、碳化钽或碳化铌和钴组成,牌号为"YW + 序数",YW 为"硬万"的汉语拼音字首,如 YW1 表示 1 号万能硬质合金;YW2 的耐磨性仅次于 YW1,强度较 YW1 高,能承受较大的冲击载荷。

2)钨钛钽(铌)类硬质合金由于加入了碳化钽(或碳化铌),显著提高了硬度、耐磨性、耐热性及抗氧化性,热硬性高。它具有前两类硬质合金的优点,制成的刀具既能加工脆性材料又能加工塑性材料,特别适于加工不锈钢、耐热钢、高锰钢等难加工的钢材。

常用硬质合金的牌号、性能特点和主要用途见表 3-11。图 3-113 所示为硬质合金刀头,图 3-114 所示为硬质合金钻头,图 3-115 所示为硬质合金可转位铣削刀具。

图 3-113　硬质合金刀头　　　　　　图 3-114　硬质合金钻头

图 3-115　硬质合金可转位铣削刀具

表 3-11　常用硬质合金的牌号、性能特点和主要用途

类别	牌号	性能特点	主要用途
钨钴类硬质合金	YG3X	目前生产的钨钴类硬质合金中耐磨性最好的一种，但冲击韧性较差	用于铸铁、有色金属及其合金的精加工等，也适用于合金钢、淬火钢的精加工
	YG6	耐磨性较好，但低于YG3、YG3X合金；冲击韧性高于YG3、YG3X；可使用的切削速度较YG8C合金高	用于铸铁、有色金属及其合金连续切削时的粗加工，间断切削时的半精加工、精加工，也可用于制作地质勘探用的钻头
	YG6X	属细颗粒碳化钨合金，耐磨性较YG6合金高，使用强度与YG6相近	用于冷硬铸铁、合金铸铁、耐热钢及合金钢的加工
	YG8	使用强度较高，抗冲击、抗振性能较YG6合金好，耐磨性较差	用于铸铁、有色金属及其合金和非金属材料连续切削时的粗加工，也用于制作电钻、油井的钻头
钨钴钛类硬质合金	YT5	在钨钴钛类硬质合金中，强度最高，抗冲击和抗振性能最好，不易崩刀，但耐磨性较差	用于非合金钢和合金钢的铸锻件与冲压件的表层切削加工，或不平整断面与间断切削时的粗加工
	YT15	耐磨性优于YT5，但抗冲击韧性较YT5差，切削速度较低	用于非合金钢和合金钢的连续切削时的粗加工，间断切削时的半精加工和精加工
	YT30	耐磨性和切削速度较YT15高，但使用强度、抗冲击和抗振性较差	用于非合金钢和合金钢高速切削的精加工，小断面的精车、精镗
通用硬质合金	YW1	能承受一定的冲击载荷，通用性较好，刀具寿命长	用于不锈钢、耐热钢、高锰钢的切削加工
	YW2	耐磨性稍次于YW1，但其使用强度高，能承受较大的冲击载荷	用于耐热钢、高锰钢和高合金钢等难加工钢材的粗加工和半精加工

近些年来，用粉末冶金又生产出一种新型硬质合金——钢结硬质合金。它是以一种或几种碳化物（TiC、WC）为硬化相，以非合金钢或合金钢（高速钢、铬钼钢）粉末为黏结剂，经配料、混料、压制和烧结而成的粉末冶金材料，其性能介于高速钢和粉末冶金之间。

钢结硬质合金工艺性能好，具有可加工性和可热处理性。在退火状态下，可以采用普通切削加工设备和刀具进行车、铣、刨、磨、钻等机械加工，还可以进行锻造和焊接，并具有耐热、耐蚀、抗氧化等优点，适于制造各种形状复杂的刀具（如麻花钻、铣刀等），也可制造在较高温度条件下工作的模具和耐磨零件。钢结硬质合金制品可根据需要进行各种热处理操作，以满足不同模具在使用性能上的要求，特别是经过淬火和回火后，可获得回火马氏体+合金碳化物+均匀分布的硬质相典型组织，保证了模具材料的强度、硬度、韧性等使用性能要求，同时形成了有效的耐磨面，提高了钢结硬质合金模具的耐磨性。

材海史话

有色金属工业的发展史

有色金属是国民经济发展的基础材料，航空、航天、汽车、机械制造、电力、通信、建筑、家电等绝大部分行业都以有色金属材料为生产基础。随着现代化工、农业和科学技术的突飞猛进，有色金属在人类发展中的地位越来越重要。它不仅是世界上重要的战略物资、重要的生产资料，而且也是人类生活中不可缺少的消费资料的重要材料。

建国60多年来，中国有色金属工业取得了辉煌的成就，兴建了一大批有色金属矿山、冶炼和加工企业，组建了地质、设计、勘察、施工等建设单位和科研、教育、环保、信息等事业单位以及物资供销和进出口贸易单位，形成了一个布局比较合理、体系比较完整的行业。

2006年，中国有色金属工业整体保持了良好的发展态势，有色金属产品产量继续增长，企业经济效益大幅攀升。10种有色金属总产量实现1917万t，连续5年居世界第一位。全国有色金属规模以上企业实现主营业务收入、利税、利润分别达到13475亿元、1631亿元、1100亿元，有色金属进出口贸易总额超过650亿美元。年黄金产量240.08t，创历史最高水平。

2007年，中国有色金属工业固定资产投资继续保持较快增长态势。其中有色金属矿山领域固定资产投资增长显著，全年完成固定资产投资 355 亿元，比 2006 年增长 54%，占产业完成固定资产投资总额的 22%。有色金属合金制造及压延加工领域固定资产投资出现较大增幅，全年完成固定资产投资 420 亿元，比 2006 年增长 33%，占产业完成固定资产投资总额的 26%。有色金属冶炼领域完成固定资产投资 730 亿元，比 2006 年增长 15%，占产业完成固定资产投资总额的 46%。

实践训练

一、填空题

1. 1A95 表示铝的质量分数为_____的纯铝。
2. 变形铝合金分为_____、_____、_____、_____四种。
3. 铝合金淬火后的强度、硬度比时效后_____，而塑性比时效后_____。
4. 黄铜是以_____为主要合金元素的铜合金。根据生产方法的不同，黄铜又分为_____黄铜和_____黄铜。
5. 子弹弹壳用普通黄铜_____（牌号）制作。
6. 滑动轴承合金的理想组织是_____，或_____。
7. 硬质合金按化学成分和性能特点分为_____、_____、_____三类。

二、选择题

1. 下列牌号中属于铝合金的是（   ）。
   A. 2A12　　　　B. 3A21　　　　C. 5A11　　　　D. 6A02
2. 防锈铝合金可采用（   ）进行强化。
   A. 变形强化　　B. 淬火+时效硬化　　C. 变质处理
3. 下列几种变形铝合金系中，属于超硬铝合金的是（   ）。
   A. Al－Mn 系　　　　　　　　B. Al－Cu－Mg 系
   C. Al－Cu－Mg－Zn 系　　　　D. Al－Cu－Mg－Si 系
4. QSn4－3 属于（   ）。
   A. 普通黄铜　　B. 特殊黄铜　　C. 青铜　　D. 白铜
5. 在普通黄铜中加入（   ）元素，能增加其强度和硬度。

A. 锡　　　　　　B. 锰　　　　　　C. 硅　　　　　　D. 铅

6. 下列材料的牌号中，属于纯钛的是（　　）。

A. TA3　　　　　B. TA4　　　　　C. TA5　　　　　D. TA6

7. 应用广泛的钛合金是（　　）。

A. α型钛合金　　B. β型钛合金　　C. α+β型钛合金

8. 下列轴承合金中，组织为硬基体软质点的是（　　）。

A. 锡基轴承合金　B. 铅基轴承合金　C. 高锡铝基轴承合金

9. 钨钴类硬质合金一般用于切削（　　）。

A. 碳钢　　　　　B. 工具钢　　　　C. 合金钢　　　　D. 铸铁

三、简述题

1. 钛合金的性能有何特点？
2. 轴承合金应具备哪些性能？

第四章

零件失效分析与材料选用

▷ 应知应会

本章重点介绍零件主要失效形式、失效的原因及如何应对。通过本章的学习，需要掌握以下内容。

1. 理解零件失效的主要形式。
2. 能够分析零件失效的原因。
3. 学会利用课程所学知识为典型零件安排热加工工艺。

▷ 学习重点

1. 理解零件失效的原因及分类方法。
2. 能够对零件的失效进行分析，并合理选材。
3. 能够分析轴类、齿轮、弹簧机刀具的选材及工艺方法。

第一节　零件的失效分析

课堂思考：

日常生活中骑的自行车、开的汽车为什么时常需要检修、更换零部件？零部件失效的原因有哪些呢？

在现实中,随着系统、设备越来越复杂,它们的功能不断提高,但也存在着许多不可靠及不安全的因素。机器设备可能发生多种故障,这不仅会造成重大经济损失,还会威胁人们的生命安全。对故障进行研究分析,首先应根据零件的损坏形式找出失效的主要原因,为选材和改进工艺提供必要的依据。

一、机械零件的失效

1. 失效的基本概念

产品在使用过程中失去原设计所规定的功能的现象称为失效,通常情况下发生以下三种情况中的任何一种都认为零件已经失效。

1)零件完全破坏,不能继续工作,如齿轮出现断齿。

2)零件严重损伤,继续工作很不安全。

3)虽能安全工作,但已不能满意地起到预定的作用,如主轴在工作中由于变形而失去设计精度等。

2. 零件失效的主要形式

零件在工作时的受力情况一般比较复杂,往往承受多种应力的复合作用,因而造成零件的不同失效形式。零件失效的主要形式见表4-1。

表4-1 零件失效的主要形式

失效形式	定义	常见形式	实例
过量变形失效	零件在工作过程中因应力集中等而变形超过允许范围,导致设备无法正常工作的现象	变形超限、蠕变	

(续)

失效形式	定　义	常见形式	实　例
断裂失效	零件在工作过程中完全断裂而导致整个机器或设备无法工作的现象	疲劳断裂、低温脆断、应力腐蚀断裂、蠕变断裂	
表面损伤失效	零件表面损伤造成机器或设备无法正常工作或精度失效的现象	表面疲劳、表面磨损、表面耐蚀	
裂纹失效	零件内外微裂纹在外力作用下扩展，造成零件断裂的现象	铸造裂纹、锻造裂纹、焊接裂纹、热处理裂纹和机械加工裂纹	

需指出：实际零件在工作中往往不只是一种失效方式起作用。例如，一个齿轮，齿面之间的摩擦导致表面磨损失效，而齿根可能产生疲劳断裂失效，两种方式同时起作用。但一般来说，一个零件失效时总是一种方式起主导作用，很少有两种方式同时都使零件失效。失效分析的目的是要找出主要的失效形式。另外，各类基本失效方式可以互相组合，形成更复杂的复合失效方式，如腐蚀疲劳、蠕变疲劳、腐蚀磨损等。但它们在特点上都各自接近于其中某一种方式，而另一种方式是辅助的，因此在分析时往往被归入主导方式一类中。例如腐蚀疲劳，疲劳特征是主导因素，腐蚀是起辅助作用的，因此被归入疲劳失效方式进行分析。

二、零件失效原因

由于零件的工作条件和制作工艺的不同，失效的原因是多方面的。下面主要从结构设计、材料选择、加工工艺制订和工作环境几方面进行分析。

1. 结构设计不合理

零件的结构形状、尺寸设计不合理易引起失效。例如，结构上存在尖角、尖锐缺口或圆角过渡过小，会产生应力集中引起失效；对零件的工作条件估计错误，使用的安全系数小，未达到实际条件要求，这种情况可以通过选材来避免。

2. 材料选取不当

所选用的材料性能未能达到使用要求，或材质较差，或材质本身存在缺陷，这些容易造成零件的失效。例如，某钢材锻造时出现裂纹，经成分分析，硫含量超标，断口也呈现出热裂的特征，由此可判断该失效是材料不合格造成的。

3. 加工工艺的问题

在零件的加工工艺过程中，由于工艺方法或参数不当，会产生一系列缺陷，这些缺陷往往导致构件过早破坏。例如：铸件中缩孔的存在，在热加工时会引起内裂纹，导致构件脆断；锻造工艺不当造成的锻件缺陷主要是折叠、表面裂纹、过热及内裂纹等，这些缺陷均是导致零件早期失效的原因；机加工过程中表面粗糙度值过大、磨削裂纹的存在，也是导致零件失效的根源；热处理工艺中，表面氧化脱碳，过热过烧组织，出现软点或裂纹，回火脆性等造成零件组织、性能不合格，影响使用寿命。

4. 安装、使用、维护不正确

零件安装时配合过紧、过松、对中不准、固定不紧等均可造成失效或事故。对机器的维护保养不好，没有遵守操作规程及工作时有较大幅度的过载、润滑条件不良等，也会造成零件的失效。

零件失效的原因是多种多样的，实际情况往往也错综复杂，失效分析就是寻找构件断裂、变形、磨损、腐蚀等失效现象的特征和规律，并从中找出损坏的主要原因。

三、失效分析的一般方法

失效分析的目的是找出零件损伤的原因，并提出相应的改进措施。零件失效分析的基本思路，就是对已发生的事故或失效事件，沿着一定的思考路线去分析研究失效现象的关系，进而寻找失效的原因，提出相应的改进措施。所以通过对零部件的失效分析，可对零件的结构设计、材料选择和加工工艺改进提供可靠的依据。机械零件的失效分析是一项综合性的技术工作，大致有如下程序。

1）尽量仔细地收集失效零件的残骸，并拍照、记录实况，确定重点分析的对象，样品应取自失效的发源部位，或能反映失效的性质或特点的位置。

2）详细记录并整理失效零件的有关资料，如设计情况（图样）、实际加工情况及尺寸、使用情况等。根据这些资料全面地从设计、加工、使用各方面进行具体的分析。

3) 对所选试样进行宏观（用肉眼或立体显微镜）及微观（用高倍的光学或电子显微镜）断口分析，以及必要的金相剖面分析，确定失效的发源点及失效的方式。

4) 对失效样品进行性能测试、组织分析、化学分析和无损检测，检验材料的性能指标是否合格，组织是否正常，成分是否符合要求，有无内部或表面缺陷等，全面收集各种必要的数据。

5) 断裂力学分析。在某些情况下需要进行断裂力学计算，以便于确定失效的原因及提出改进措施。

6) 综合各方面分析资料、做出判断，确定失效的具体原因，提出改进措施，写出报告。

在失效分析中，有两项最重要的工作。一是收集失效零件的有关资料，这是判断失效原因的重要依据，必要时做断裂力学分析。二是根据宏观及微观的断口分析，确定失效发源部位的性质及失效方式。这项工作最重要，因为它除了告诉我们失效的精确部位和应该在该处测定哪些数据外，同时还能对可能的失效原因做出重要指示。例如，沿晶界断裂应该是材料本身、加工或介质作用的问题，与设计关系不大。

四、失效分析与选材

通过失效分析，可以了解材料的破坏方式，并将其作为选材的重要依据。从零件失效的角度看，选材时应考虑以下几个方面的问题。

1. 弹性变形失效与选材

从材料角度分析，控制弹性变形失效难易程度的指标是弹性模量。在容易发生弹性变形失效时，应选用具有高弹性模量的材料。而各类材料的弹性模量差别相当大，金刚石与各种碳化物、硼化物陶瓷的弹性模量最高，其次为氧化物陶瓷与难熔金属，钢铁也具有较高的弹性模量，有色金属的弹性模量则要低一些，高分子材料的弹性模量最低。因此在要求零件有较高刚度，而不能发生过大弹性变形时，不能用高分子材料。但是有些纤维复合材料具有相当大的弹性模量值，由于其比重低，在许多特殊的场合（如飞行器结构）有很大用途。

2. 塑性变形失效与选材

决定塑性变形失效难易程度的指标是材料的屈服强度。在经典设计中，屈服强度是衡量材料承载能力的最重要指标，在很长一段时间内，获得高强度材料是材料学家和工程师的主要努力目标。从屈服强度的角度看，金刚石和各种碳化物、氧化物、氮化物陶瓷材料的屈服强度最高，但因为它们极脆，做拉伸试验时，在远未达到屈服应力下即已脆断，因此根本不能通过拉伸试验来测定其屈服强度。由于这种材料太脆，强度高的特点发挥不出来，因此不能作为高强结构材料。高强合金钢的强度仅次于陶瓷，最广泛地用于各种高强结构之中。一般来讲，塑料的强度很低，目前最高强度的塑料也超不过铝合金，因此在要求零件有高强度时，不能用塑料。

3. 脆性断裂失效与选材

描述材料脆性断裂难易程度的指标是冲击韧性、韧脆转变温度和断裂韧度。从韧性的角度考虑，韧性最高的是各种奥氏体钢，其次是合金低碳钢，铝合金韧性通常并不好，铸铁的韧性通常很低，高碳工具钢和轴承钢韧性也不好，不能用来制造要求韧性较高的结构零件。

4. 疲劳断裂失效与选材

疲劳寿命分为低周疲劳寿命与高周疲劳寿命两种。一般承受高频率交变载荷的构件，应选用高周疲劳寿命比较高的材料，如弹簧等。承受低频率交变载荷的构件，应选用低周疲劳寿命比较高的材料，如抗震建筑材料。

5. 蠕变失效与选材

蠕变失效通常发生在高温下，所以抗蠕变失效的材料应是耐高温材料。选材时主要考虑材料的工作温度和工作应力，在较高应力和较低温度下，可选用各种耐热钢及高温合金。在较低应力和较高温度下，应选用高熔点材料，如难熔金属和陶瓷材料；对金属材料还应使其晶粒尽可能大，甚至采用单晶材料，晶界也应平行于受力方向排列。

6. 表面损伤失效与选材

对于在有摩擦应力存在的场合，应考虑表面损伤的影响。对于黏着磨损，所选材料应与和它配合工作的材料不属同类，而且摩擦因数尽可能小，同时，材料的硬度要高，且最好有自润滑能力，或有利于保存润滑剂（如有孔隙等）。对于磨粒磨损，选用材料的硬度要高，材料组织中应含有较多的耐磨硬相，如白口铸铁耐磨粒磨损性能就较好。

材海史话

机械设备磨损规律

机械设备出现故障，最显著的特征是机器的各个组成部分（即零件间）配合的破坏，而配合的破坏主要是由于在其配合表面上不断受到磨损、冲击、高温和腐蚀性物质等作用而产生过早的磨损。这样就使零件的形状、尺寸、金属表面层（化学成分、力学性能、金相组织）发生了变化，从而降低了精度和失去了应有的功能。

磨损是伴随摩擦产生的最重要现象之一。一般的磨损现象表现：由于摩擦的机械性作用致使表面受伤而有所损耗，进而摩擦面的温度因摩擦热而上升，由于摩擦热的作用出现微小的裂纹，受这个原因的影响有时表面一部分剥落。如果温度过高，也会熔化、流走，在有腐蚀性的环境中，会因腐蚀而损耗。

机械设备运转时，零件各部位状态并非相同，而是因工作条件而异，但磨损的发展则有共同的规律，图4-1所示为磨损的典型曲线。这条曲线具有三个明显的部分，分别表示不同的工作时期。Ⅰ为磨合磨损阶段，由于机械加工的表面具有一定的不平度，运转初期，摩擦副的实际接触面积较小，单位面积上的实际载荷较大，因此磨损速度较快，经磨合后尖峰高度降低，峰顶半径增大，实际接触面积增加，磨损速度降低。Ⅱ为稳定磨损阶段，机件以平稳、缓慢的速度磨损，这个阶段的长短就代表机件使用寿命的长短。Ⅲ为急剧磨损阶段，经稳定磨损阶段后，零件精度降低，间隙增大，从而产生冲击、振动和噪声，磨损加剧，温度升高，短时间内使零件迅速报废。

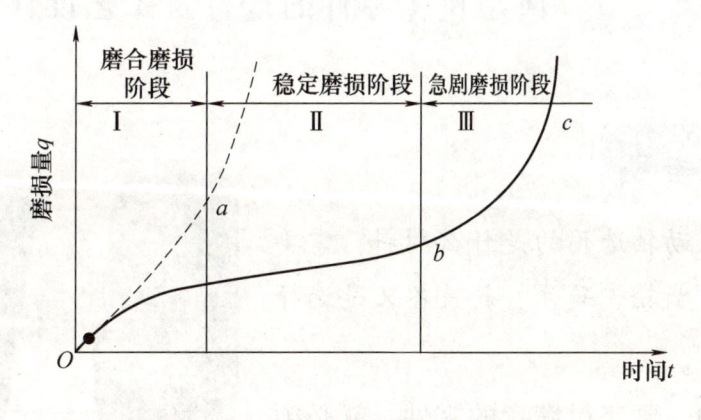

图4-1　磨损的典型曲线

> 实践训练

一、选择题

1. 满足下列（　　）条件可认为零件失效。

A. 零件完全破坏，不能继续工作

B. 严重损伤，继续工作很不安全

C. 虽能安全工作，但已不能起到预定的作用

D. 工作时造成机器整体运行噪声较大

2. 零件失效的原因有（　　）。

A. 零件结构上存在尖角或圆角过渡较小

B. 安装、使用、维护不正确

C. 零件材料的力学性能不能满足其工作需求

D. 零件的加工工艺安排不合理

二、填空题

1. 零件失效的主要形式有_____、_____、_____、_____四种类型。

2. 失效分析的目的是_____。

三、简述题

1. 简述分析零件失效的一般方法。

2. 从零件失效的角度分析，应如何选取零件材料？

第二节　典型机械零件的选材及工艺设计

> 课堂思考：

变速器中从动轴选用的是什么材料？需要进行热处理吗？齿轮、箱体、箱盖各又是选择的什么材料呢？

机械制造中，要获得满意的零件，就必须从结构设计、合理选材、毛坯制造及机械加工

等方面综合考虑。而正确的材料和毛坯制造方法将直接关系到产品的质量和经济效益，因此这项工作是机械设计和制造中的重要任务之一。

机械零件的使用性能是多种多样的，对材料和毛坯的选择要考虑诸多因素。现介绍一些零件的选材及工艺分析方法。

一、轴类零件的选材及工艺分析

1. 轴类零件的主要作用

轴类零件是典型零件之一，一切做回转运动的传动零件（例如齿轮、蜗轮），都必须安装在轴上才能进行运动及动力的传递，因此轴的主要功用是支承传动零部件及传递转矩和承受载荷。

2. 轴类零件的失效方式

1）长期交变载荷下的疲劳破坏，包括扭转疲劳和弯曲疲劳断裂。
2）大载荷或冲击载荷引起的过量变形。
3）表面过度磨损。

3. 轴类零件的工作条件

1）工作时主要受交变弯曲和扭转应力的复合作用。
2）轴与轴上零件有相对运动，相互间存在摩擦和磨损。
3）轴在高速运转过程中会产生振动，使轴承受冲击载荷。
4）多数轴会承受一定的过载载荷。

4. 轴类零件的性能要求

1）良好的力学性能，足够的强度、塑性和一定的韧性，以防过载断裂、冲击断裂。
2）高疲劳强度，对应力集中敏感性低，以防疲劳断裂。
3）足够的淬透性，热处理后表面要有高硬度、高耐磨性，以防磨损失效。
4）良好的可加工性，价格便宜。

5. 轴类零件的材料

轴常用的材料主要是非合金钢和合金钢，其次是球墨铸铁。钢轴的毛坯多数采用轧制圆钢和锻件，有的则直接用圆钢。对于大型的低速轴，一般采用铸件。

由于非合金钢比合金钢廉价，对应力集中的敏感性较低，同时也可以用热处理或化学热处理的办法提高其耐磨性和疲劳强度，故采用非合金钢制造轴尤为广泛，其中最常用的是 45 钢，承受载荷较小的轴也可用 Q235 等碳素结构钢。

合金钢比非合金钢具有更好的力学性能和更好的淬火性能。因此，对于在传递大转矩，并要求减小尺寸与质量，提高轴颈耐磨性，以及处于高温或低温条件下工作的轴，常采用 40CrNi、38CrMoAlA、20Cr 等材料来制造。

球墨铸铁和高强度铸铁容易做成形状复杂，且具有价廉、良好的吸振性和耐磨性，以及对应力集中敏感性较低的优点，可用于制造外形复杂的轴，如曲轴、凸轮轴，常用的材料是 QT600-3、QT800-2。

6. 实例

变速器传动轴零件图，如图 4-2 所示。其由滚动轴承支承工作，承受中等循环载荷及一定冲击载荷作用，转速中等，有装配精度要求，一般选用 45 钢制造，其热处理技术条件为调质硬度 220~250HBW，组织为回火索氏体。

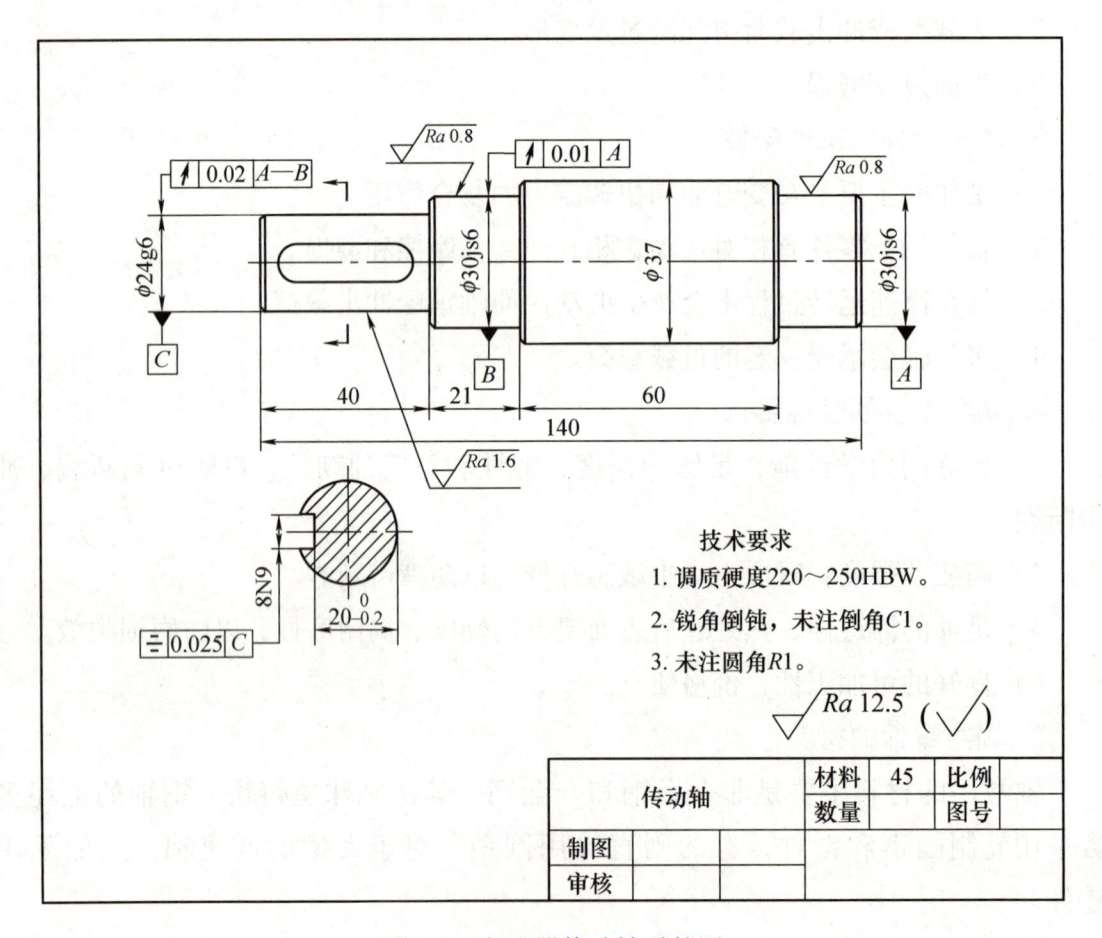

图 4-2 变速器传动轴零件图

ϕ30js6、ϕ24g6 轴颈都具有较高的尺寸精度和位置精度要求，表面质量要求也较高；ϕ37mm 轴肩两端面虽然尺寸精度要求不高，但表面质量要求较高；圆角 R1mm 精度要求并不高，但需与轴颈及轴肩端面一起加工，所以 ϕ30js6、ϕ24g6 轴颈，ϕ37mm 轴肩端面，圆角 R1mm 均为加工的关键表面。

为保证关键表面的技术要求，查《机械加工工艺手册》得出各关键表面的加工方案，如 ϕ30js6 的加工方案：粗车→半精车→精车→粗磨→精磨。根据机械加工工艺路线的安排原则，先安排基准和主要表面的粗加工，然后再安排基准和主要表面的精加工，得出工艺路线：下料→锻造→正火→粗加工→调质→半精加工→粗磨→精磨→铣键槽。

正火的目的是消除残余应力，改善可加工性，并为调质处理做准备；调质处理是为了获得良好的综合力学性能，满足零件的技术要求；最后用精磨来消除总的变形，从而保证主轴的装配质量。

二、齿轮类零件的选材及工艺分析

1. 齿轮类零件的主要作用

齿轮传动是利用主、从动齿轮之间的轮齿啮合来传递空间任意两轴间的运动和动力的传动方式，是机械传动中最重要、应用最广的传动形式之一。

2. 齿轮类零件的失效形式

（1）轮齿折断　齿轮在传递转矩时，由于超载、受到冲击载荷或疲劳，轮齿的局部或全部出现折断，如图 4-3a 所示。

（2）齿面点蚀　轮齿表面由于长期接触超过材料许用接触应力的载荷，而出现微小裂纹，裂纹不断扩展，使轮齿表面小块金属脱落，形成麻点状的小凹坑，如图 4-3b 所示。

（3）齿面磨损　齿轮传动过程中，两轮齿接触时会产生一定的相对滑动，当润滑条件较差时，这种相对滑动使轮齿表面受到磨损，破坏了齿廓形状，影响传动平稳性，如图 4-3c 所示。

（4）齿面胶合　啮合齿轮润滑不良会使两轮齿在一定压力下直接接触，产生局部高温，致使两齿面发生粘连，随着齿面的相对运动，较软的齿面上的金属被撕下来，形成沟痕，如图 4-3d 所示。

（5）塑性变形　齿轮齿面较软时，在重载的情况下，齿面上表层的金属可能会沿着相对滑动方向发生局部的塑性流动，使整个轮齿发生永久性变形，如图 4-3e 所示。

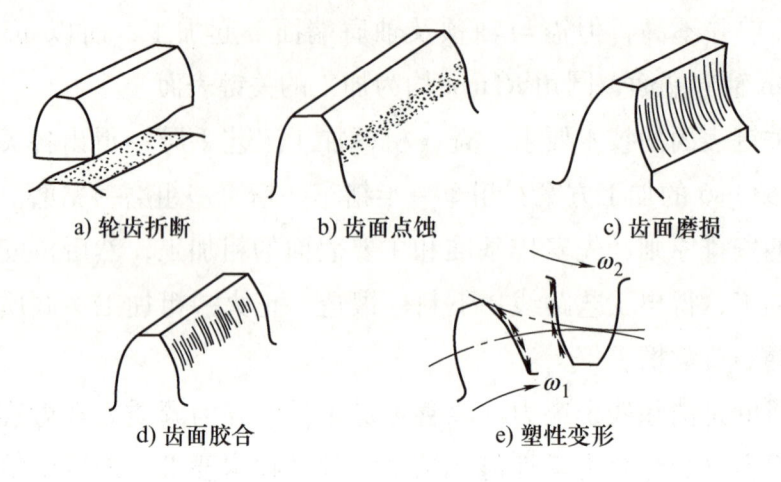

a) 轮齿折断　　b) 齿面点蚀　　c) 齿面磨损

d) 齿面胶合　　e) 塑性变形

图 4-3　常见的齿轮失效形式

3. 齿轮类零件的工作条件

齿轮可做成开式、半开式及闭式。若齿轮传动中没有防尘罩或机壳，齿轮完全暴露在外面，则称为开式齿轮传动。这种传动下，不仅外界杂物极易侵入，而且润滑不良，因此工作条件不好，齿轮也容易磨损，一般只用于低速传动。当齿轮传动装有简单的防护罩，有时还把大齿轮部分地浸入油池中时，则称为半开式齿轮传动。相对于开式齿轮传动来说，它的工作条件虽有改善，但仍不能做到严密防止外界杂物侵入，润滑条件也不算最好。而汽车、机床、航空发动机等所用的齿轮传动，都是将其装在经过精确加工而且密封严密的箱体内，这称为闭式齿轮传动（齿轮箱）。它与开式或半开式的齿轮传动相比，润滑及防护等条件好，多用于重载的场合。

4. 齿轮类零件的性能要求

1）高的弯曲疲劳强度。
2）高的接触疲劳强度和耐磨性。
3）较高的强度和冲击韧性。
4）要求有较好的热处理工艺性能，如热处理变形小等。

5. 齿轮类零件的材料

齿轮材料应满足以下几个方面的要求。

1）齿面具有足够的硬度，以获得较高的抗点蚀、抗磨损、抗胶合的能力。
2）齿轮心部有足够的韧性，以获得较高的抗弯曲和抗冲击载荷的能力。

3) 具有良好的加工工艺性和热处理工艺性能。

齿轮常用材料主要是锻钢和铸钢,其次是铸铁,特殊情况可采用有色金属和非金属材料。一般齿轮都用锻钢（$w_C = 0.15\% \sim 0.6\%$ 的非合金钢或合金钢）制造,尺寸较大的齿轮用铸钢制造,要求工作平稳、速度较低、功率不大的场合下的齿轮一般用铸铁制造。

6. 实例

车床变速箱的传动齿轮是传递转矩和调节速度的重要零件,齿轮表面承受一定程度的磨损,工作较平稳,速度中等,一般选用 45 钢或 40Cr 制造,其热处理技术条件：正火 230 ~ 280HBW 调质；齿表面,表面淬火和低温回火 50 ~ 54HRC。

工艺路线：下料→锻造→正火→粗加工→调质→精加工→高频感应淬火和低温回火→精磨。

正火的目的是细化晶粒、消除残余应力、改善可加工性；调质处理的目的是使零件的心部具有足够的强度和韧性,以承受弯曲、扭转及冲击载荷的作用,并为表面热处理做准备；高频感应淬火的目的是提高轮齿表面的硬度、耐磨性和疲劳强度,以抵抗齿面的磨损和疲劳破坏；低温回火的目的是在保持轮齿表面高硬度和高耐磨性的条件下消除淬火内应力,防止磨削加工时产生裂纹。

三、弹簧类零件的选材及工艺分析

1. 弹簧的功用

弹簧利用材料的弹性及弹簧本身的结构特点,在载荷作用下变形时,把机械功或动能转变为形变能；在恢复变形时,把形变能转变为动能或机械功,其主要用于如下方面。

1) 缓冲或减振,如汽车、拖拉机、火车中使用的悬挂架弹簧。

2) 定位,如机床及夹具中利用弹簧将定位销（或滚珠）压在定位孔（或槽）中。

3) 复原,外力去除后自动恢复到原来位置,如汽车发动机中的气门弹簧。

4) 储存及输出能量,如钟表、玩具中的发条。

5) 测量力的大小,如弹簧秤、测力计中使用的弹簧。

2. 弹簧的失效形式

1) 塑性变形。载荷去掉后,弹簧不能恢复到原来的尺寸和形状。

2）疲劳断裂。在交变应力作用下，产生疲劳源，裂纹扩展造成断裂。

3）快速脆性断裂。存在缺陷，当受到过大的冲击载荷时，发生突然脆性断裂。

4）腐蚀断裂及永久变形。在腐蚀性介质中使用的弹簧产生应力腐蚀断裂。高温下使用的弹簧容易出现蠕变和应力松弛，产生永久变形。

3. 弹簧的工作条件

1）弹簧在外力作用下压缩、拉伸、扭转时，材料将承受弯曲应力和扭转应力。

2）缓冲、减振或复原用的弹簧承受交变应力和冲击载荷的作用。

3）某些弹簧受到腐蚀介质和高温的作用。

4. 弹簧的选材

为了使弹簧能够可靠地工作，弹簧材料必须具有高的弹性极限和疲劳极限，同时应具有足够的韧性和塑性，以及良好的热处理性能。常用的弹簧钢主要有以下几种。

（1）碳素弹簧钢　这种弹簧钢（65钢、70钢）的优点是价格便宜，原材料来源方便；缺点是弹性极限低，多次回复变形后易失去弹性，且不能在高于130℃的温度下正常工作。

（2）低锰弹簧钢　这种弹簧钢（65Mn）与碳素弹簧钢相比，优点是淬透性较好、强度较高；缺点是淬火后容易产生裂纹及热脆性。但由于其价格便宜，所以一般机械上常用于制造尺寸不大的弹簧，如离合器弹簧等。

（3）硅锰弹簧钢　这种钢（62Si2Mn）中因加入硅，故可显著地提高弹性极限，并提高了耐回火性，因而可以在更高的温度下回火，从而得到良好的力学性能。硅锰弹簧钢在工业中得到了广泛的应用，一般用于制造汽车、拖拉机的螺旋弹簧。

（4）铬钒钢　这种钢（50CrV）中加入钒的目的是细化组织，提高钢的强度和韧性。这种材料的耐疲劳和抗冲击性能良好，并能在-40~210℃的温度下可靠工作，但价格较贵，多用于要求较高的场合，如用于制造航空发动机调节系统中的弹簧。

此外，某些不锈钢和青铜等材料，具有耐腐蚀的特点，青铜还具有防磁性和导电性，故常用于制造化工设备或工作于腐蚀性介质中的弹簧。其缺点是不容易热处理，力学性能较差，所以一般机械中很少使用。

5. 实例

（1）热轧弹簧用材　通过热轧方法加工成圆钢、方钢、盘条、扁钢，制造尺寸较大、承载较重的螺旋弹簧或板簧。弹簧热成形后要进行淬火及回火处理。

（2）冷轧（拔）弹簧用材　以盘条、钢丝或薄钢带（片）供应，用来制作小型冷成形螺旋弹簧、片簧、涡卷弹簧等。

主要弹簧钢有65、70、65Mn、60Si2Mn、50CrV。

四、刀具的选材及工艺分析

在金属切削过程中，刀具切削部分材料的好坏，对于提高刀具寿命、加工质量、生产率和降低加工成本有着非常重要的作用。

1. 刀具材料应具备的性能

（1）高的硬度和高的耐磨性　硬度是刀具材料应具备的基本特征。刀具材料的硬度应大于工件材料的硬度，一般应在62HRC以上。刀具材料的硬度越高，耐磨性就越好；组织中硬质点的硬度越高、数量越多、颗粒越小、分布越均匀，则耐磨性越高。此外，耐磨性还取决于材料的组成成分和显微组织等。

（2）足够的强度和韧性　刀具材料必须具备足够的强度和韧性，以承受切削力、冲击和振动等的作用。

（3）高的热硬性　即在高温下保持硬度、耐磨性、强度和韧性的能力。它是衡量刀具材料切削性能的主要标志。此外，刀具材料在高温下应具有抗氧化、抗粘结和抗扩散的能力，还应有良好的导热性和耐热冲击性。

（4）良好的工艺性和经济性　在制造时应有好的锻造、热处理、高温塑性变形、可磨削等性能。

2. 刀具的失效形式

（1）磨损　磨损增加切削抗力，降低切削零件表面质量，使被加工零件的形状和尺寸精度降低。

（2）断裂　在冲击力及振动的作用下折断或崩刃。

（3）刃部软化　刃部温度升高，刃部硬度容易下降，丧失切削加工能力。

3. 刀具选材

刀具材料主要根据工件材料、刀具形状和类型及加工要求等进行选择。目前，在切削加工中常用的刀具材料有碳素工具钢、合金工具钢、高速钢及硬质合金等。超硬刀具材料目前应用较多的有陶瓷、立方氮化硼、金刚石。刀具材料的种类、性能和用途见表4-2。

表 4-2 刀具材料的种类、性能和用途

种 类	常用牌号	硬 度	工艺性能	用 途
优质碳素工具钢	T8A～T10A、T12A、T13A	60～65HRC	可冷、热加工成形，刃磨性能好	手动工具，如锉刀、锯条等
合金工具钢	9SiCr、CrWMn	60～65HRC	可冷、热加工成形，刃磨性能好，热处理变形小	用于低速成形刀具，如丝锥、板牙、铰刀
高速钢	W18Cr4V、W6Mo5Cr4V2	63～70HRC	可冷、热加工成形，刃磨性能好，热处理变形小	中速及形状复杂的刀具，如钻头、铣刀等
硬质合金	YG8、YG6、YT15、YT30、YW1、YW2	89～93HRA	粉末冶金成形，多镶片使用，性能较脆	用于高速切削刀具，如车刀、刨刀、铣刀
涂层刀具	TiC、TiN、TiN-TiC	3200HV	刀具材料表面的硬度和耐磨性大为提高	用于高速切削刀具，如车刀、刨刀、铣刀，但切削速度可提高30%，同等速度下，寿命提高2～5倍
陶瓷	AM、AMT、SG4、AT6	93～94HRC	硬度高于硬质合金，脆性大于硬质合金	精加工优于硬质合金，可加工淬火钢
立方氮化硼	FN、LBN-Y	7300～9000HV	硬度高于陶瓷，性能较脆	切削加工优于陶瓷，可加工淬火钢
人造金刚石		10000HV	硬度高于立方氮化硼，性能较脆	用于有色金属精密加工，不宜切削黑色金属

材海史话

形状记忆合金

在研究 Ti-Ni 系合金时发现，原来弯曲的合金丝被拉直后，当温度升高一定值时，它又恢复到原来弯曲的形状。人们把这种现象称为形状记忆效应，具有形状记忆效应的金属简称为形状记忆合金。大部分形状记忆合金的形状记忆机理是热弹性马氏体相变。热弹性马氏体相变具有可逆性，即把马氏体（低温相）以足够快的速度加热，可以不经分解直接转变为高温相（母相）。

已发现的形状记忆合金种类很多，可以分为镍-钛系合金、铜系合金、铁系合金三大类。另外发现一些聚合物和陶瓷材料也具有形状记忆功能，但其形状记忆原理与形状记忆合金不同。目前，已实用化的形状记忆合金只有Ti-Ni系合金和Cu系形状记忆合金。

形状记忆合金在工程上的应用很多，如紧固件、连接件、密封垫等。另外，也可以用于一些控制元件，如一些与温度有关的传感器及自动控制装置。医学上使用的形状记忆合金主要是Ti-Ni系合金，这种材料可以埋入人体作为移植材料，如用作固定折断骨架的销、固定接骨的接骨板。在内科方面，可制作人工心脏。在智能方面，可广泛应用于各种自调节和控制装置，如各种智能、仿生机械。在医疗方面，可制作牙齿矫正线。

实践训练

一、选择题

1. 轴类零件的主要失效形式有（　　）。

   A. 疲劳破坏　　　　　　B. 过量变形
   C. 表面过度磨损　　　　D. 扭断

2. 齿轮类零件的主要失效形式有（　　）。

   A. 轮齿折断　　　　　　B. 齿面磨损
   C. 齿面胶合　　　　　　D. 齿面点蚀

3. 下列（　　）不是弹簧的功用。

   A. 缓冲或减振　　　　　B. 定位
   C. 储存及输出能量　　　D. 传递运动和转矩

二、填空题

1. 轴类零件的功用是_____和_____。

2. 轴常用的材料主要是_____和_____，其次是_____。

3. _____是机械传动中最重要、应用最广的传动形式之一。

4. 齿轮常用的材料主要是_____和_____，其次是_____，特殊情况可采用有色金属和非金属材料。

三、简述题

简述刀具材料的选择方法。

附录

实践训练答案

第一章 金属材料的性能

第一节 金属材料的物理性能

一、选择题

1. B   2.（1）A　（2）C　（3）B　（4）D

二、填空题

1. 小   2. 资源；回收；对环境造成影响   3. 导电

三、简述题

略

第二节 金属材料的化学性能

一、填空题

本性；介质；活泼；多；潮湿的空气；腐蚀性气体；电解质溶液

二、简述题

略

第三节 金属材料的力学性能

一、判断题

1. ×   2. ×   3. √

二、填空题

弹性；塑性；塑性

三、简述题

略

第四节　金属材料的工艺性能

一、判断题

1. ×　2. ×　3. √

二、填空题

1. 170～230HBW　2. 化学成分；浇注温度

第二章　金属材料的结构和性能的控制

第一节　金属及其合金的固态结构

一、选择题

1. D　2. B

二、填空题

1. 体心立方晶格；面心立方晶格；密排六方晶格

2. 晶胞

3. 晶格畸变

三、简述题

1. 晶体存在的缺陷有点缺陷、线缺陷和面缺陷。晶体的缺陷对力学性能产生较大的影响，工程实践中经常应用晶体缺陷对金属进行改性。例如，晶格畸变的存在，使金属产生内应力，晶体性能发生变化，如强度、硬度和电阻增加，体积发生变化。金属材料处于退火状态时，位错密度较低，强度较差；经冷塑性变形后，材料的位错密度增加，故提高了强度。常温下晶界有较高的强度和硬度；原子扩散速度较快；容易被腐蚀、熔点低等。

2. 蜡烛、松香、沥青、玻璃等。

第二节 金属的结晶

一、选择题

C

二、填空题

1. 晶核形成；晶核长大

2. 过冷

三、简述题

1. 理论结晶温度与实际结晶温度之差称为过冷度。金属结晶时过冷度的大小与冷却速度有关，冷却速度越大，过冷度就越大，金属的实际结晶温度越低。

2.

1) 金属型铸造比砂型铸造获得的晶粒小。

2) 壁厚较大的工件表面部分比中心部分晶粒小。

3) 薄壁件的铸造比厚壁件的铸造获得的晶粒小。

4) 浇注时采用振动比不采用振动获得的晶粒小。

第三节 铁碳合金相图

一、选择题

1. A 2. C

二、填空题

1. 同素异构转变；体心立方；面心立方；体心立方

2. 铁素体；奥氏体；渗碳体；珠光体；莱氏体

3. $w_C = 0.45\%$ 的钢；$w_C = 0.77\%$ 的钢；$w_C = 0.2\%$ 的钢

三、简述题

1.

1) Fe_3C 是铁和碳形成的金属化合物，属于合金。

2) 铁和碳是 Fe_3C 的组元。

3) 由两个或两个以上组元按不同比例配制成一系列不同成分的合金，称为合金系，如 Fe_3C、Fe_2C、FeC。

4）合金中具有同一聚集状态、同一结构和性质的均匀组成部分称为相。

5）用肉眼或借助显微镜观察到材料具有独特微观形貌特征的部分称为组织，Fe_3C 是金属的基本组织之一。

2.

1）配制若干不同成分的合金。

2）用热分析法分别测出各组合金的冷却曲线。

3）找出各冷却曲线上的相变点。

4）将找出的相变点分别标注在温度-成分坐标图中相应的成分曲线上。

5）将相同意义的点用平滑曲线连接起来，即获得合金相图。

3.

1）在1100℃时，碳的质量分数为0.4%的碳钢组织为 A，面心立方晶格，具有较高的塑性、可延展性，利于锻造，而碳的质量分数为4.0%的组织为 A + Fe_3C_{II} + Ld，具有较高的硬度，不利于锻造，但其流动性较好，适合铸造。

2）T10、T12 的碳的质量分数分别为 0.1%、0.12%，10钢、20钢的碳的质量分数分别为 0.01%、0.02%，所以 T10、T12 比 10钢、20钢硬度高，锯削费力，锯条易磨钝。

3）铆钉起到连接的作用，对其力学性能要求不是很高，铆接后需要砸平，所以要求有较高的塑性，一般采用低碳钢制作。锉刀属于手动工具，需要对零件或者毛坯进行加工，所以具有较高的强度和硬度，一般采用高碳钢制作。

4）钢具有较高的塑性和可延展性，一般采用压力加工，而铸铁的硬度较高，但其流动性较好，只能采用铸造成形。

第四节　金属的塑性变形与再结晶

一、名词解释

1）冷变形强化。金属在塑性变形过程中，随着变形程度的增加，强度和硬度提高而塑性和韧性下降的现象。

2）回复。当金属温度提高到一定温度，原子热运动加剧，使不规则的原子排列变为规则排列，消除晶格扭曲，内应力大为降低，但晶粒的形状、大小和金属的强度、塑性变化不大。

3）再结晶。当温度继续升高，金属原子活动具有足够热运动力时，则开始以碎晶或杂质为核心结晶出新的晶粒，从而消除了冷变形强化现象。

二、简述题

金属塑性变形是金属晶体每个晶粒内部的变形和晶粒间的相对移动、晶粒的转动的综合结果。

第五节 钢的热处理技术

一、选择题

1. C 2. D 3. B 4. B

二、填空题

1. 加热；保温；冷却
2. 退火；正火；淬火；回火
3. 等温冷却；连续冷却
4. $Ac_3 + (30 \sim 50)$ ℃；$Ac_1 + (30 \sim 50)$ ℃
5. 单介质淬火；双介质淬火；马氏体分级淬火；贝氏体等温淬火
6. 调质处理

三、简述题

1. 正火与退火的主要区别在于正火的冷却速度较快，过冷度较大，所以正火后所获得的组织比较细小，组织中珠光体的数量较多，因而强度、硬度及韧性比退火后的高。

2. 刀具、量具、冲模及滚动轴承等工件要有较高的耐磨性和硬度，淬火＋低温回火处理可以减小或消除淬火内应力，提高钢的韧性，仍保持淬火钢的高硬度和耐磨性。

3. 因为中温回火可提高弹性和韧性，并且保持一定的硬度。

4.
1）预备热处理可采用退火，其目的是均匀组织、调整硬度、消除内应力、便于切削加工。最终热处理可采用调质处理，其目的是提高其综合力学性能。

2）预备热处理采用正火，获得较高的强度和硬度。最终热处理采用淬火＋低温回火，其目的是提高其硬度和耐磨性，保持心部原有的塑性和韧性。

第六节　表面处理技术

一、名词解释

（1）表面热处理　仅对工件表层进行热处理，使钢表面得到强化，而心部保持原有的塑性、韧性。

（2）渗碳　将低碳钢（或低碳合金钢）工件置于富碳介质中，加热至900～950℃并保温，使该介质分解出活性碳原子渗入工件表面的化学热处理工艺。

（3）渗氮　在一定温度（一般在Ac_1温度）下使活性氮原子渗入工件表面的化学热处理工艺。

二、填空题

1. 感应淬火；火焰淬火；接触电阻加热淬火；激光淬火
2. 渗碳；渗氮；碳氮共渗
3. 高频感应淬火；中频感应淬火；工频感应淬火；薄
4. 分解过程；吸收过程；扩散过程

三、简述题

1. 只改变金属表面的力学性能，心部保持原有的力学性能。
2. 常用的表面热处理技术有表面淬火（感应淬火、火焰淬火）、化学热处理（渗碳、渗氮、碳氮共渗、渗金属）、其他表面热处理技术（化学镀镍、电镀、热浸镀、热喷涂、真空离子镀）。

第三章　常用金属材料

第一节　钢的牌号、性能及应用

一、填空题

1. 低；中；高
2. 机械零件和工程结构件；刀具、模具和量具
3. 屈服强度；屈服强度最低值；质量等级；沸腾钢
4. 0.45%；中碳；优质；结构

5. 优质碳素结构；普通碳素结构；碳素工具

6. 降低；降低；降低；降低；增大；降低

7. 碳的质量分数为0.60%，硅的质量分数为2%，锰的质量分数小于1.5%的合金弹簧钢；碳的质量分数为0.9%，锰的质量分数为2%，钒的质量分数小于1.5%的合金工具钢；碳的质量分数大于1.0%，铬的质量分数为12%的合金工具钢

8. 合金调质钢；强化铁素体；提高淬透性；调质

9. 热硬性；淬透性；硬度；耐磨性；热性

10. 3%；13%；0.03%～0.1%；18%；<1.5%

二、选择题

1. B；C；A；C 2. B；B 3. B 4. A 5. B 6. A 7. C 8. C 9. C 10. B 11. C；D；A；B 12. B 13. C 14. C 15. C

三、简述题

略

第二节 铸铁的牌号、性能及应用

一、填空题

1. >2.11%；2.5%～4.0%；渗碳体；石墨

2. 碳；硅；硫；磷

3. 白口铸铁；灰铸铁；麻口铸铁

4. 最低抗拉强度为300MPa的灰铸铁

5. 铁素体；珠光体；铁素体-珠光体灰铸铁；珠光体

6. 最低抗拉强度为350MPa，最低断后伸长率为10%的黑心可锻铸铁；最低抗拉强度为450MPa，最低断后伸长率为6%的珠光体可锻铸铁

7. 最低抗拉强度为450MPa，最低断后伸长率为10%的球墨铸铁

8. 最低抗拉强度为300MPa的蠕墨铸铁

二、选择题

1. B 2. C 3. D 4. A 5. B 6. A 7. C 8. D；C；A；B

三、简述题

1. 铸件壁厚越大，冷却速度越慢；冷却速度越慢，越有利于石墨化过程的进行；石墨化进行得越充分，越易获得灰口组织。所以，薄壁铸件容易得到白口铸铁组织，而厚壁铸铁组织容易获得灰口的石墨化组织。

2. 由于石墨的存在，使铸铁具有了许多钢所不及的优良性能。

1）铸造性能好。

2）可加工性好。

3）减振性能好。

4）减摩性能好。

5）缺口敏感性小。

3. 由于球墨铸铁的塑性、韧性比钢略低，其他性能与钢相近，屈服强度甚至超过钢，并具有铸铁的优良性能。因此，球墨铸铁可以代替钢来制造受力大的构件；一些只能进行锻造的零件可以进行铸造。球墨铸铁可用于制造强度、硬度、韧性要求高，形状复杂的零件，如发动机曲轴、传动齿轮、车床、铣床、磨床主轴、法兰、供水管道、运输容器等。

第三节　有色金属及其合金的牌号、性能及应用

一、填空题

1. 99.95%

2. 防锈铝合金；硬铝合金；超硬铝合金；锻铝合金

3. 低；高

4. 锌；普通；特殊

5. H70

6. 塑性好的软基体上均匀分布硬质点；硬基体上均匀分布着软质点

7. 钨钴类硬质合金；钨钴钛类硬质合金；通用硬质合金

二、选择题

1. A　2. A　3. C　4. C　5. ABCD　6. A　7. C　8. C　9. D

三、简述题

1. 钛合金具有强度高、耐蚀性好、耐热性高等特点。

2. 轴承合金应具备的性能如下。

1）足够的强度和硬度，以承受轴颈较大的压力。

2）良好的耐磨性、较小的摩擦因数，以减少轴颈磨损。

3）足够的塑性和韧性、较高的疲劳强度，以承受轴颈的交变冲击载荷。

4）较小的热膨胀系数、良好的导热性和耐蚀性，以防止轴与轴瓦之间咬合。

5）良好的磨合性，保证轴与轴瓦良好磨合。

第四章 零件失效分析与材料选用

第一节 零件的失效分析

一、选择题

1. ABC 2. ABCD

二、填空题

1. 超量变形、断裂、表面损伤、裂纹

2. 找出零件损伤的原因，并提出相应的改进措施

三、简述题

1.

1）尽量仔细地收集失效零件的残骸，并拍照、记录实况，确定重点分析的对象，样品应取自失效的发源部位，或能反映失效的性质或特点的位置。

2）详细记录并整理失效零件的有关资料，如设计情况（图样）、实际加工情况及尺寸、使用情况等。根据这些资料全面地从设计、加工、使用各方面进行具体的分析。

3）对所选试样进行宏观（用肉眼或立体显微镜）及微观（用高倍的光学或电子显微镜）断口分析，以及必要的金相剖面分析，确定失效的发源点及失效的方式。

4）对失效样品进行性能测试、组织分析、化学分析和无损检测，检验材料的性能指标是否合格，组织是否正常，成分是否符合要求，有无内部或表面缺陷等，全面收集各种必要的数据。

5）断裂力学分析。在某些情况下需要进行断裂力学计算，以便于确定失效的原因及提出改进措施。

6）综合各方面分析资料做出判断，确定失效的具体原因，提出改进措施，写出报告。

2.

（1）弹性变形失效与选材　在容易发生弹性变形失效时，应选用具有高弹性模量的材料。

（2）塑性变形失效与选材　决定塑性变形失效难易程度的指标是材料的屈服强度。

（3）脆性断裂失效与选材　描述材料脆性断裂难易程度的指标是冲击韧性、韧脆转变温度和断裂韧性。

（4）疲劳断裂失效与选材　疲劳寿命分为低周疲劳寿命与高周疲劳寿命两种。

（5）蠕变失效与选材　蠕变失效通常发生在高温下，所以抗蠕变失效的材料应是耐高温材料。

（6）表面损伤失效与选材　对于在有摩擦应力存在的场合，应考虑表面损伤的影响。

第二节　典型机械零件的选材及工艺设计

一、选择题

1. ABCD　2. ABCD　3. D

二、填空题

1. 支承轴上零件；传递运动和动力

2. 碳钢；合金钢；球墨铸铁

3. 齿轮传动

4. 锻钢；铸钢；铸铁

三、简述题

1）刀具材料应具备的性能有高的硬度和高的耐磨性、足够的强度和韧性、高的耐热性、良好的工艺性和经济性。其失效形式主要有磨损、断裂。

2）刀具材料主要根据工件材料、刀具形状和类型及加工要求等进行选择。目前，在切削加工中常用的刀具材料有碳素工具钢、合金工具钢、高速钢及硬质合金等。超硬刀具材料目前应用较多的有陶瓷、立方氮化硼、金刚石。

参 考 文 献

[1] 毛发松. 机械工程材料 [M]. 2版. 北京：清华大学出版社，2021.
[2] 王孝峰. 金属材料与热处理 [M]. 北京：北京邮电大学出版社，2008.
[3] 郁兆昌. 金属工艺学 [M]. 3版. 北京：高等教育出版社，2023.
[4] 王英杰，陈礁. 金属加工与实训 [M]. 4版. 北京：高等教育出版社，2023.
[5] 朱张校，姚可夫. 工程材料 [M]. 5版. 北京：清华大学出版社，2011.
[6] 王英杰. 金属材料与热处理 [M]. 3版. 北京：机械工业出版社，2022.
[7] 简发萍. 材料学基础 [M]. 北京：机械工业出版社，2022.
[8] 姜敏凤，宋佳娜. 机械工程材料及成形工艺 [M]. 4版. 北京：高等教育出版社，2019.
[9] 胡赓祥，蔡珣，戎咏华. 材料科学基础 [M]. 上海：上海交通大学出版社，2010.